Jana Spitzer · Reiner Dittrich

Trockenmauern für den Garten

Bauanleitung und Gestaltungsideen

ökobuch

Danke

Wir möchten gerne auf diesem Wege für ihre fachliche Unterstützung danken:

- Herrn Dr. Paul Spitzer
- Herrn Dr. Peter Düsing
- Herrn Dipl.-Phys. Rainer Reichstein sowie
- Frau Dipl. Reha-päd. Barbara Reichstein

Außerdem bedanken wir uns bei allen Freunden und Bekannten, die uns bei diesem Buchprojekt geholfen haben.

Bibliografische Information der Deutschen Nationalbibliothek

Die Deutsche Nationalbibliothek verzeichnet diese Publikation in der Deutschen Nationalbibliografie; detaillierte bibliografische Angaben sind im Internet unter http://dnb.d-nb.de abrufbar.

ISBN 978-3-936896-43-5

7. Auflage 2023

Königstr. 43, 26180 Rastede
E-Mail: verlag@oekobuch.de
http://www.oekobuch.de

Druck: Grafisches Centrum Cuno, Calbe

Inhalt

Vorbemerkung

Seit vielen Generationen formt und verändert der Mensch seine Umgebung. Dazu nutzte er seit jeher natürliche Baustoffe, vor allem Lehm, Holz und Steine, und entwickelte im Umgang mit diesen Materialien viele handwerkliche Fähigkeiten und Fertigkeiten. Eine der frühen Bautechniken war das Setzen von Trockenmauern. Diese „trocken", d.h. ohne Mörtel aufeinander gesetzten Steine sind auch heute noch ein fester Bestandteil unserer Landschaft.

Die unterschiedlichen Erscheinungsformen der Trockenmauern fallen wenig auf. Wenn die Natur ihr wunderschönes Gewand aus rankenden Pflanzen, aus Moosen und bizarren Wurzelgeflechten überstreift, wird das Mauerwerk als solches kaum wahrgenommen. Die Trockenmauer versteckt sich – sie verwandelt sich zu einem eigenen Lebensraum, scheint ein eigenes Leben zu besitzen. Ehemals zarte Pflänzchen, die in den Steinfugen wachsen, werden groß und kräftig, krallen sich mit ihren Wurzeln in das Gestein hinein und verschaffen sich Platz. Die Steine rücken auseinander, drücken oder schieben in andere Richtungen und verändern ihre Lage, Risse entstehen und setzen sich wieder zu. Das alles geschieht ganz gemächlich, unbemerkt vor unseren Augen. Oftmals nehmen wir die Mauer erst richtig wahr, wenn sie altersschwach wird und langsam zerfällt.

Lange Zeit wurde die Kunst der Steinbearbeitung und des Setzens von Trockenmauern durch die praktische Arbeit vom Altmeister an die jungen Gesellen weitergereicht - ohne jede schriftliche Aufzeichnung. So sind zwar viele Baupläne großer Bauwerke bekannt, die handwerklichen Leistungen im Detail bleiben aber verborgen. Die prächtigen Wehrmauern alter Burgen und Schlösser oder die gewaltigen Steinsäulen im antiken Rom, die mächtigen ägyptischen Pyramiden – wäre der Mensch heute in der Lage, Gleiches zu errichten? Viele Handwerkergenerationen mit ihren reichen Erfahrungen, die manch knifflige Technologie beherrschten, sind längst verschwunden. Und ganz langsam, von den meisten Menschen kaum bemerkt, ging mit der alten Handwerkskunst auch das dazu gehörende praktische Wissen verloren.

Viele Materialien wurden zwischenzeitlich durch neue Baustoffe ersetzt, und auch die Technologien haben sich verändert. Was uns geblieben ist, sind die sichtbaren Relikte vergangener Maurerkunst, die wir heute gern wegen ihrer Größe und Maßfertigkeit bewundern. Werden diese mit modernen Mitteln nachgebaut oder repariert, bringt das oftmals nur unbefriedigende Ergebnisse. Nur mit Enthusiasmus, Zeit und einem Verständnis für alte Handwerkerregeln ist es möglich, Alterwürdiges neu auferstehen zu lassen.

Es ist uns ein Anliegen, das nötige Wissen um die Funktion und den Bau von Trockenmauern weiterzugeben. Sie stellen nicht nur ein historisch schönes Gestaltungselement dar, sondern bereichern auch unsere Kulturlandschaft. Wir möchten in diesem Buch Anregungen und Anleitungen geben, wie mit einfachen Mitteln eine ästhetisch ansprechende Trockenmauer gebaut werden kann. Wer Vorhandenes erhalten und reparieren will, soll hilfreiche Informationen finden. Und natürlich darf in einem solchen Buch nicht fehlen, wie eine Trockenmauer zum Biotop und Lebensraum für eine Vielzahl von Tieren und Pflanzen werden kann. Denn der einzigartige Lebensraum aus Stein, mageren Erdansammlungen und speziell angepassten Tieren und Pflanzen macht die Trockenmauer zu einem lebenden Kleinod. Das wird zuweilen erst augenfällig, wenn man die Zauneidechse beobachtet, den Ameisen bei ihrer Arbeit zusieht und den Mauerpfeffer bestaunt, wie er sich auf dem noch so kargen Steinboden ausbreitet und seine Blüten ausbildet.

Der materielle Einsatz für eine Trockenmauer ist gering, der Bau eine schöne Herausforderung.

Wenn eine kleine Leserschaft nach dem Lesen des Buches Trockenmauern mit anderen Augen betrachtet, sich für deren Sanierung einsetzt oder sich zum Eigenbau im Garten entschließt, ist das der beste Dank für die zahlreichen Recherchen, Fotos, Gespräche, Begehungen, Sichtungen und Schreibstunden, die zum Gelingen dieses Buches notwendig waren.

Jana Spitzer und Reiner Dittrich

1 Kulturgeschichte

Das Kultur- und Landschaftsbild in Mitteleuropa ist durch die Menschenhand geprägt, die Urbanisierung und die Abgrenzung wertvoller Bodenflächen veränderten schon früh die Landschaft. Einen festen Bestand dabei bildet der Mauerbau, dem man auf Schritt und Tritt in unterschiedlichster Form begegnet. Eine Mauer „trocken", also ohne Bindemittel zu bauen, ist die älteste Bautechnik. Trockenmauern sind in allen Kulturlandschaften ein markanter Bestandteil, so auch bei uns. Alte Mauern aus Naturmaterialien fügen sich harmonisch in die Natur ein und erfüllen sehr unterschiedliche Aufgaben. Freistehende Mauern dienen der Abgrenzung von Grundstücken und Weideland. An Hanglagen helfen Trockenmauern, tiefer liegende Bereiche vor abrutschenden Erdmassen zu schützen. In den Weingebieten, mit den wohl optisch auffallendsten Mauern, werden Trockenmauern seit Jahrhunderten zur Terrassierung und zur Erschließung von Steillagen genutzt. Trockenmauern findet man auch bei repräsentativen Gebäuden, als Schutzwälle, Treppenaufgänge, bei Gewässerbauten und Brunnenanlagen. In Gärten, auf Friedhöfen und in Parkanlagen schaffen Trockenmauern Ruhebereiche und Schutzzonen mit attraktiven Blickfängen.

1.1 oben
Alte freistehende Trockenmauer mit sanft ansteigendem Mauerkopf.

1.2 Mitte
Zu einer Trockenmauer aufeinander geschichtete Bruchsteine dienen hier zur Grundstückseinfriedung.

1.3 unten
Trockenmauer zur Hangbefestigung und zur Begrenzung des Straßenraumes – ein mit Efeu bedecktes Kunstwerk.

Die ältesten, heute noch erhaltenen Trockenmauern befinden sich vermutlich in Irland. Teile der zur Begrenzung von Weideflächen errichteten Mauern werden auf ein Alter von 5000 Jahren geschätzt.

In Frankreich ist das Bergstädtchen Gordes durch seine etwa 1000 Jahre alten Steinhütten bekannt. Vom Sockel bis zum Dach wurden die „Bories" genannten Hütten komplett aus Trockenmauern errichtet. Sie dienten als Unterkünfte, Ställe und Lager. Ähnliche Bauwerke sind auf der Insel Menorca (Balearen) zu finden, die als Wachtürme oder Begräbnisstätten genutzt wurden. In Südtirol und weiter bis in den Süden Italiens waren „Trulli", Rundbauten, aus Trockenmauerwerk gebräuchlich. Bei genauem Hinsehen wird man feststellen, dass es in ganz Europa unzählige Trockenmauern aller Altersepochen und Bauweisen gibt, deren Zustand von bewundernswerter Anmut bis zum totalen Zerfallsstadium reichen. Wer sich tiefer mit den Spuren beschäftigt, stößt mancherorts auf geheimnisvolle Reste einstiger Bauwerke.

So steht eine rätselhafte Mauer auf dem *Odilienberg*, etwa 30 km südwestlich von Straßburg. Die als „Heidenmauer" bekannte und wohl mächtigste Trockenmauer ist 10 km lang, 3-4 m hoch und 2-3 m dick (Abb. 1.9). Sie besteht aus ca. 300.000 bis zu 2,8 m großen Buntsandsteinquadern. In aufwendiger Schwalbenschwanztechnik wurden die Steine mit hölzernen Bolzen verbunden. Während die Eichenholzteile der Mauer durch C[14]-Untersuchungen eindeutig auf ein Alter von etwa 1700 Jahren datiert wer-

1.4 oben links
Diese historischen Mauern unweit von Dresden (Sachsen) lassen die mühevolle Arbeit in den Weinbergen erahnen.

1.5 oben rechts
Alte Trockenmaueranlage mit Stufen.

1.6 Mitte
Viele Pflanzen haben sich im Laufe der Jahre auf dieser alten Weinbergmauer angesiedelt.

1.7 oben links
Haus und Landschaftselemente aus trocken verlegten Lavasteinen, El Hierro/Kanarische Inseln.

1.8 oben rechts
Wenig Holz - viele Steine. Die kanarischen Bauern, wie hier auf der Insel Gomera, waren und sind Meister im Bau von Trockenmauern.

den können, lassen andere Spuren ein Alter bis zu 3000 Jahren vermuten. Bis heute noch völlig ungeklärt ist die Funktion dieses Mammutbauwerkes. Warum bauten Menschen diese gigantische Mauer? Diente dieses Bauwerk als heilige Stätte oder als Schutzwall? Wem galt der Schutz? Fehlende menschliche Siedlungsspuren und der Wassermangel auf dem Berg sprechen gegen jede vernünftige Nutzung. Wissenschaftlern gelang es bisher nicht, das Geheimnis zu entschlüsseln.

Die wahrscheinlich höchsten Trockenmauern in Europa befinden sich an den steilen Terrassen der *Domain de la Cotzette* in der Schweiz. Sie befinden sich in einem Weinbaugebiet und sind zwischen 18 und 20 Meter hoch.

Wer baute in früherer Zeit Trockenmauern? Nur die Landwirte und Bauern? Für manche Gegenden mag das zutreffen, in anderen Regionen entwickelte sich diese Arbeit zu einem richtigen Handwerk. Ähnlich dem Steinmetz verlangt die Kunst des „Steinsetzens" ein hohes Vermögen an räumlicher Vorstellungskraft und die Kenntnis grundlegender Bearbeitungsregeln. Diese Kunst wurde über Generationen weiter gegeben, leider nur selten aufgeschrieben. So erlangten die Menschen vergangener Generationen ihre Kenntnisse meist durch die gemeinsame Arbeit mit älteren Menschen.

1.9: Ein idyllischer Wanderweg wird von einer geschwungenenen Mauer, der sogenannten „Heidenmauer", begleitet – mystisch anmutend durch ihre Größe und unbekannte Funktion. Quelle: www.badenpage.de

Eine kleine authentische Geschichte

„Meine Großeltern wohnten in einem typischen Waldhufendorf auf Meißnerischer Flur. Der Dreiseitenhof war umgeben von uralten Trockenmauern. Der Großvater berichtete, wie in den späten Herbst- und zeitigen Wintermonaten, also in der Zeit in der wenig Feldarbeit anfiel, die Mauern repariert werden mussten. So erfuhr ich, dass bis zur Mitte des 20. Jahrhunderts die regelmäßige Wartung der Trockenmauern zu den Aufgaben der Landbewirtschaftung gehörte. Das war eine körperlich schwere Arbeit, denn die eingefallenen Stellen wurden teilweise abgetragen und wieder neu aufgesetzt. Jeder Stein musste in den Händen gedreht und einzeln angepasst werden. Meist ging der Reparatur das Steinelesen voran. Was beim Umpflügen des Ackerbodens aufgeworfen wurde, störte auf dem Feld und musste bereinigt werden. Wenn später das Getreide mit der Sense abgemäht werden sollte, durfte das Sensenblatt nicht am Stein hängen bleiben. Die ganze Familie half beim Steinelesen. Alle größeren und kleineren Brocken wurden aufgelesen und auf hölzerne Leiterwagen abgelegt. Die größeren Steine mussten mühsam aus dem Boden und mittels Holzstangen und Bohlen auf die Holzkarren gehoben werden. Wer es sich leisten konnte, nutzte Pferde als Zugtiere, andere hatten nur einen Ochsen vor den Karren zu spannen. Dann wurde geschoben und gezogen, die Räder sackten im Boden ein, die Füße klebten in der Erde fest und dennoch gelang es, die schwere Last an den Wegesrand zu bringen. Vom Feld wurden immer wieder neue Steine heran getragen. Das war das Baumaterial für die Errichtung neuer oder für die Instandsetzung bestehender Mauern."

2 Grundlagen

Was ist eine Trockenmauer? Eine Trockenmauer ist eine aus Natur- oder Kunststeinen im Verbund gelegte Mauer, deren Gefüge ineinander durch ihr Eigengewicht ohne den Einsatz von Mörtel oder anderen Bindemitteln zusammenhält. Gesteinsarten und -formen können sehr unterschiedlich sein, je nachdem, was die Natur in der Umgebung bietet. In Gebieten mit felsigem Untergrund wird das Material für Trockenmauern oft in Steinbrüchen gebrochen, im Flachland dagegen werden die auf den Äckern aufgelesenen Steine benutzt. Diese wiederum können scharfkantige Lockergesteine oder rund geschliffene Findlinge sein (Abb. 2.0.3).

Die Steine werden nach passenden Formen und Größen sortiert und ggf. auch passend bearbeitet. So vielfältig wie die Art der Steine sind auch die Formen und Strukturen der daraus hergestellten Mauern sowie die Begrifflichkeiten, die in der Fachliteratur benutzt werden. Für einen ersten Überblick werden im Folgenden die gebräuchlichen Begriffe und die einzelnen Unterscheidungsmerkmale kurz erläutert.

2.0.1 oben links
Schicht auf Schicht liegen hier die Sandsteine aufeinander. Die fertige Mauer wirkt dadurch sehr geschlossen und symmetrisch.

2.0.2 oben: „Steine" aus recyceltem Beton.

2.0.3 unten links
An der Ostseeküste und in ganz Norddeutschland sind solche Friesenmauern aus naturgeschliffenen Findlingen häufig anzutreffen.

2.1 Fachbegriffe

Abb. 2.1.1 zeigt die Namen für einzelne Teile einer Trockenmauer:

- Der obere Abschluss der Mauer wird *Krone* (1) genannt.
- *Mauerkopf* (2) ist die Bezeichnung für den Anfang oder das Ende einer Mauer.
- Hat die Mauer eine Neigung, bezeichnet man diese als *Dossierung* (3). Gebräuchlich ist auch die Bezeichnung *Maueranzug* oder *Anlauf*. Die Neigung oder Dossierung wird in Prozent oder in Grad angegeben.
- Die horizontale Fläche eines Mauersteins heißt *Lager* (4). Zwischen mehreren Steinlagen entsteht eine horizontale *Lagerfuge* (5).
- Der Spalt zwischen den Steinen, also die senkrecht zusammenstoßende Fuge wird *Stoßfuge* (6) genannt.
- Gleich hohe Steine nebeneinander gelegt, bilden eine *Schicht*. Die Mauer in der Zeichnung (Abb.2.1.1) hat demnach 8 Schichten.
- Wird ein Stein so eingebaut, dass die längere Steinseite dem Mauerlauf in seiner Längsrichtung folgt, spricht man von einem *Läufer* (7).
- Mehrere aneinander gereihte Läufer bilden die *Läuferschicht* (8).
- Wird darüber ein Stein quer gelegt, um die hintere Schicht mit der vorderen Schicht zu verbinden, so ist dies ein *Binder* (9), eine ganze Reihe wird demzufolge *Binderschicht* (10) genannt.
- Kleine Steinsplitter, mit denen größere Steine verkeilt werden, heißen *Zwicker* (11).
- Werden im Mauerinneren Hohlräume aufgefüllt, werden diese Steine *Füllsteine* (12) genannt.
- Als *Mauerfuß* (13) wird der aus dem Erdreich ragende untere Mauerteil bezeichnet.

2.1.1
Aufbau einer trocken gesetzten Mauer

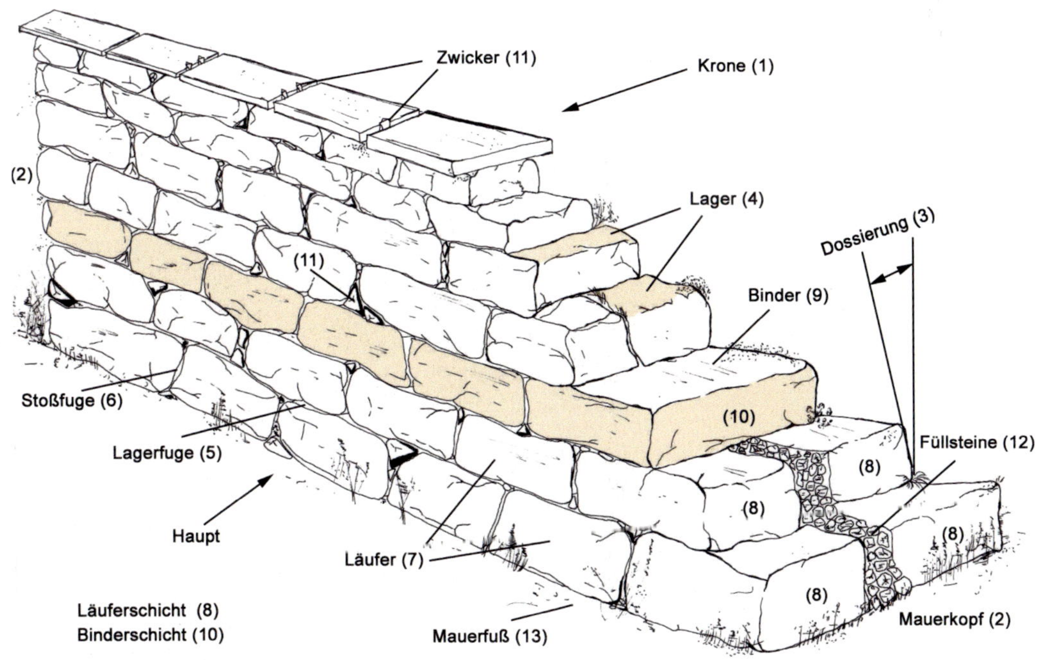

2.2 Mauerformen

Als große, übergeordnete Form werden Trockenmauern nach der Anzahl der sichtbaren Flächen unterschieden.

Einhäuptiges Mauerwerk

Diese Bezeichnung wird benutzt, wenn die Mauer nur eine sichtbare Seite (ein Haupt) besitzt. Das ist beispielsweise bei einer Mauer der Fall, die zur Hangbefestigung dient. Hier sieht das hintere Mauergefüge anders als das vordere aus. Der Betrachter sieht nur die Vorderseite. Die Rückseite liegt im Erdreich (siehe Abb. 2.2.1).

Zweihäuptiges Mauerwerk

Im Unterschied zum einhäuptigen Mauerwerk wird eine freistehende Mauer mit zwei Sichtflächen als „zweihäuptig" bezeichnet (Abb. 2.2.2). Manchmal findet hierfür auch die Bezeichnung „doppelhäuptiges Mauerwerk" Verwendung.

Einwandiges Mauerwerk

Oft wird einwandiges Mauerwerk als „einschichtiges Mauerwerk" bezeichnet, was aber irreführend ist. Denn der Name bezieht sich auf die Anzahl der (vertikalen) Wände und nicht auf die der (horizontalen) Schichten. Um ein solches Mauerwerk zu erkennen, muss also der Querschnitt betrachtet werden. Die Mauerbreite ist stets so dick wie die Steine selbst. Nach oben hin verjüngt sich die Mauer auf etwa $^2/_3$ bis $^3/_4$ der Breite an ihrer Basis (Abb. 2.2.2). Aus Stabilitätsgründen sollte sie nicht höher als 1,30 m gebaut werden. Die Errichtung einer solchen Mauer ist schwierig und kraftaufwendig. Sie wird dann gebaut, wenn nur sehr große Steine am Ort vorhanden sind.

Zweiwandiges Mauerwerk

Im Querschnitt dieser Mauer, die fälschlicherweise auch als „doppelschichtig" bezeichnet wird, ist zu se-

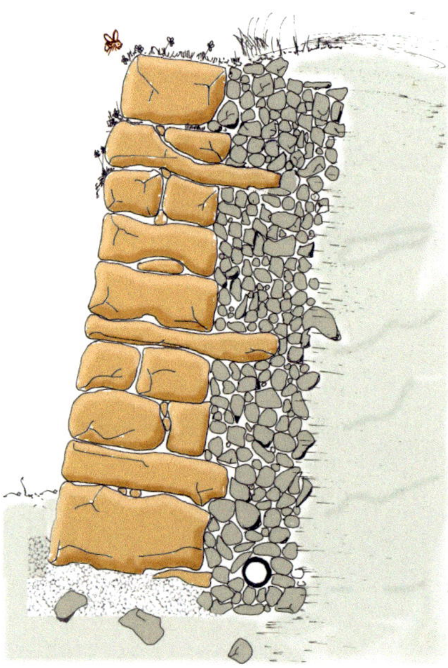

2.2.1 links Futtermauer (einhäuptiges Mauerwerk) an einem Hang

2.2.2 rechts Zweihäuptiges (einwandiges) Mauerwerk als freistehende Mauer

2.2.3 links Zweiwandiges Mauerwerk

2.2.4 rechts Ein- und zweiwandiges Mauerwerk

hen , dass das Mauerwerk in der Mitte mit kleinen Steinen, Splitt oder auch mit Lehm verfüllt ist (Abb. 2.2.3). In regelmäßigen Abständen werden die beiden Außenschalen durch Bindersteine verbunden. Nur durch den geschickten Verbund von Fundament, Bindersteinen und Mauerkrone erhält die Mauer ihre Festigkeit. Diese Bauform ist sinnvoll, wenn die Mauer bepflanzt werden soll oder wenn große und kleine Steine zu gleichen Teilen vor Ort vorhanden sind.

Ein- und zweiwandiges Mauerwerk

Gibt es vor Ort nur große und mittlere Steine, ist auch die Kombination von ein- und zweiwandigem Mauerwerk denkbar. Dabei werden das Fundament und die unteren zwei Drittel der Mauer zweiwandig errichtet. Das obere Drittel wird als einwandiges Mauerwerk ausgeführt und verjüngt sich leicht (Abb. 2.2.4).

Diese Bauform ist in Ländern wie Irland, Schottland und Wales weit verbreitet und gilt dort als die wirtschaftlichste. Die Mauern sind nicht höher als 1,50 m und im Fußbereich etwa 70 - 80 cm dick.

Verblendmauerwerk

Diese Bezeichnung ist trügerisch, weil es sich nicht um eine eigenständige Mauer handelt. Meist aus statischen Gründen werden heutzutage viele Stützwände aus Stahlbeton errichtet. Da diese nicht schön aussehen, wird der tragenden Betonwand gern eine attraktivere „Mauer" vorgesetzt, die außer Ästhetik keine weitere Funktion hat. Der Mensch wird also „geblendet". Eine vom Aufbau her ähnliche Konstruktion ist das „Mischmauerwerk", bei dem meist im Verbund mit hinterfülltem Beton oder hintermauerten Ziegeln eine Natursteinmauer errichtet wird. Trockenmauern werden selten als Verblendmauerwerk eingesetzt, deshalb wird hier darauf nicht weiter eingegangen.

a Bruchsteinmauerwerk

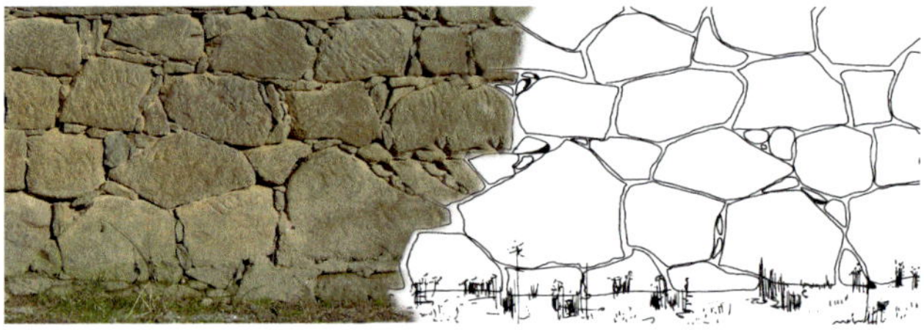

b Zyklopenmauerwerk

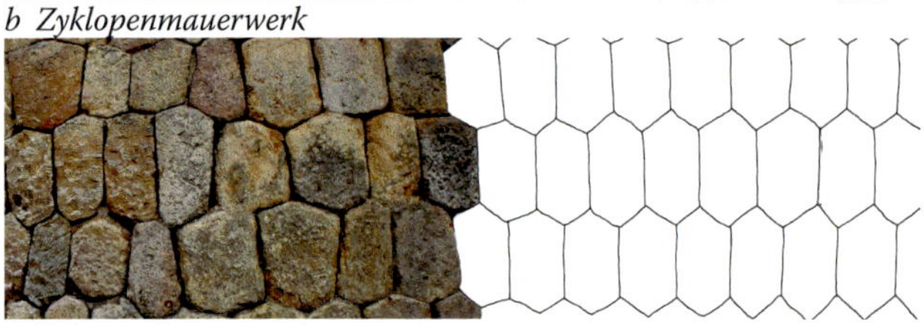

c Polygonalmauerwerk

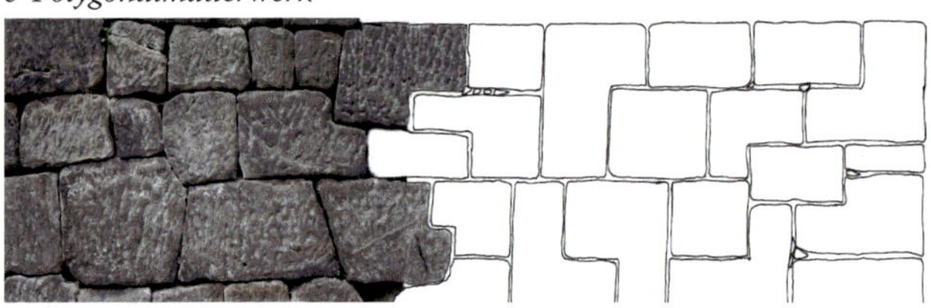

d Hammerrechtes Schichtenmauerwerk

e Unregelmäßiges Schichtenmauerwerk

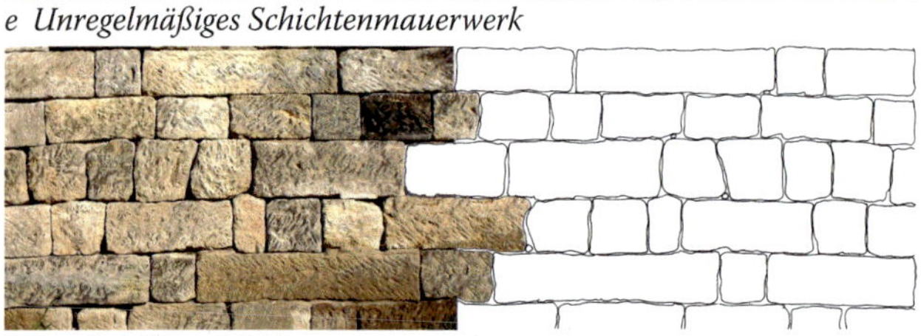

f Regelmäßiges Schichtenmauerwerk

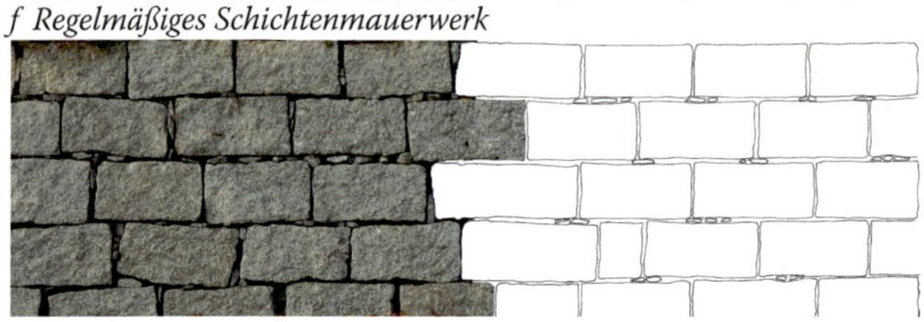

g Quadermauerwerk

2.3 Mauerbauweisen

Trockenmauern unterscheiden sich nicht nur in ihrer Form, sondern auch durch ihre Bauweise. Die verschiedenen Bauweisen ergeben sich insbesondere durch die regional verfügbaren Rohstoffquellen und vorgefundenen Steinmaterialien. Auch die historischen Bearbeitungsmöglichkeiten und zeitgeschichtlichen Baustilrichtungen prägten die Bauweise und damit das äußere Erscheinungsbild. Alte Mauern zeigen daher oft regional charakteristische Eigenarten, teilweise lassen sich sogar ortstypische Merkmale feststellen. Manchmal können Mauern aber auch nur schwer eingeordnet werden. So gilt z.B die „Heidenmauer" (siehe Abb. 1.13, S. 9) als die längste Zyklopenmauer Europas, auf den ersten Blick würde man sie jedoch eher dem Quadermauerwerk zuordnen. In der Praxis gibt es je nach Setzform der Steine erhebliche Unterschiede, weshalb im folgenden das Trockenmauerwerk entsprechend untergliedert wird. In der DIN 1053 Teil 3 wird Trockenmauerwerk zwar als eigenständige Bauweise bezeichnet, es gibt aber keine weitere Unterteilung.

2.3.1
Mauerbauweisen
a Bruchsteinmauerwerk
b Zyklopenmauerwerk
c Polygonalmauerwerk
d Hammerrechtes Schichtenmauerwerk
e Unregelmäßiges Schichtenmauerwerk
f Regelmäßiges Schichtenmauerwerk
g Quadermauerwerk

Bruchsteinmauerwerk

Das Bruchsteinmauerwerk (siehe Abb. 2.3.2 ff.) wird auch als Findlingsmauerwerk bezeichnet. Die Bruchsteinmauer besteht aus nicht oder nur wenig bearbeiteten Natursteinen. Sie stellt die ursprünglichste Form dar und ist die älteste Mauerbauweise. Unter Bruchsteinen versteht man nicht die geometrisch gleichmäßig gebrochenen Steinformen aus einem Steinbruch. Vielmehr handelt es sich um zerbrochene und verwitterte Steine und um Findlinge, wie sie auf freiem Feld oder am Flussufer zu finden sind. Von Acker und Ufer abgelesen, werden sie auch als Lesesteine bezeichnet. Geschickt aufgestapelt oder geschichtet können daraus Begrenzungsmauern für Weideflächen und Grundstücke gebaut werden. Auch lassen sich kleinere Höhenunterschiede mühelos ausgleichen.

In Norddeutschland ist z.B. der so genannte „Friesenwall“ verbreitet, eine Mauer aus runden Findlingen, die oben mit einer Grasnarbe bedeckt ist (siehe Abb. 2.3.6, 2.3.7). Diese Findlinge wurden während der Eiszeit durch Gletscher und Flüsse rund geschliffen und über tausend Kilometer

2.3.2
Die gegen den Hang geneigte Stützmauer aus Bruchsteinen begrenzt die Straße zu beiden Seiten.

2.3.3
In dieser Bruchsteinmauer haben verschiedene Trockenheit liebende Pflanzen ihren optimalen Lebensraum gefunden.

2.3.4
Steinhaufen oder misslungene Bruchsteinmauer? Auf jeden Fall ein kleines Biotop.

2.3.5
Die niedrig gesetzte Bruchsteinmauer mit den Maiblumen davor begrenzt optisch angenehm den Privatbereich.

vom Ursprungsort fortgetragen. Sie sind sehr hart und werden deshalb nur selten gespalten. Die Spalten zwischen den Steinen werden mit Erde gefüllt. Das Füllmaterial dient hier gleichzeitig als Steinkleber und Nährboden für Pflanzen. Gut geeignet ist eine Mischung aus Lehm, kalkreichem Sandboden und gut verrottetem Kompost oder Humus, auch Kuhdung hat sich bewährt.

Eine andere kunstvolle Form des Bruchsteinmauerbaus hat sich auf der Insel Mallorca herausgebildet. Wahrscheinlich noch von der Talayot-Kultur überliefert, verfeinerten die Inselbewohner ab dem 13. Jahrhundert den Trockenmauerbau für die Einfriedungen von Weideland. Diese Mauern werden als Tanca-Mauern bezeichnet und können bis zu 3,50 m hoch sein (Abb. 2.3.8). Seit 1986 gibt es auf Mallorca eine Schule, die den Beruf des Trockenmaurers lehrt und damit zum Erhalt dieses uralten Handwerkes und der Trockenmauern dort beiträgt.

2.3.6 oben
Nur zwei Steine hoch ist diese Friesenmauer – dennoch eine Augenweide.

2.3.7 Mitte
Bei dieser Friesenmauer haben die Pflanzen selbst kleinste Fugen besiedelt. Stein und Pflanze gehen hier eine Symbiose ein.

2.3.8 unten
Tanca-Mauer auf Mallorca

2.3.9 oben links
Bruchsteinmauer mit Pflanzstreifen davor

2.3.10 oben rechts
Bruchsteinmäuerchen, gut in den Garten integriert. Leider mit vielen Kreuzfugen

2.3.11 rechts
Holz und Naturstein passen gut zusammen.

Spaltfindlingsmauerwerk

Vor allem im Bundesland Brandenburg ist das Spaltfindlingsmauerwerk zu finden, das aus in der Mitte gespaltenen Findlingen hergestellt wird (Abb. 2.3.12). Dieses Mauerwerk diente vornehmlich als Fundament und Sockel für Wohnhäuser, Ställe und Scheunen. Die Gründung begann weit unterhalb der Geländeoberfläche, etwa 1 – 1,5 m tief im gewachsenen Boden. Oftmals wurden die Mauern zusätzlich mit Lehm abgedichtet. Heute wird diese Bauweise kaum noch angewendet. Man begegnet ihr gelegentlich bei Sanierungsarbeiten an alten Gebäuden, die durch moderne Drainagesysteme trocken gelegt werden müssen.

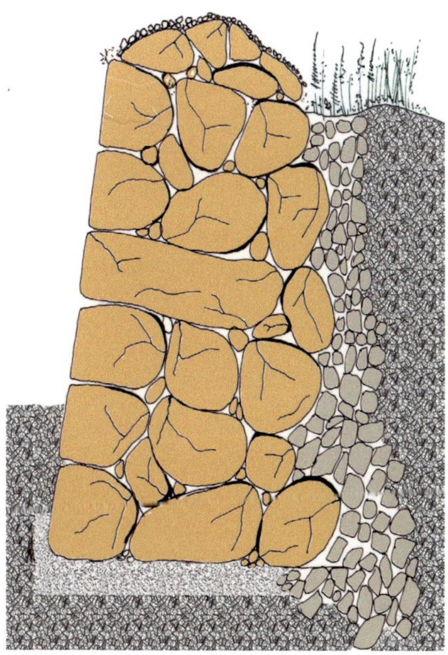

2.3.12
Spaltfindlingsmauer. Findlinge werden gespalten und mit der Schnittfläche nach außen aufgesetzt.

2.3.13
(Detail unten rechts) Kaum zu glauben, aber auf dieser Zyklopenmauer steht ein Fachwerkhaus...

2.3.14 (großes Bild) ....und da steht der Beweis und trägt das Haus schon seit über 160 Jahren.

Zyklopenmauerwerk

In verschiedenen Beschreibungen wird das Zyklopenmauerwerk (siehe Abb. 2.3.1 b) fälschlicherweise mit dem Polygonalmauerwerk gleich gesetzt. Die Bezeichnung „Zyklopen" wurde der griechischen Mythologie entnommen und steht für „Riesen". Eine Zyklopenmauer besteht aus großblockigen, meist nicht lagerhaften (also keine großen Auflageflächen besitzenden) Natursteinen, wie z.B. großen Findlingen und Flusskieseln. Aber auch Magmatite wie Granit und Basalt, die sich aufgrund ihrer Härte schwer bearbeiten lassen, finden in Zyklopenmauern bevorzugt Verwendung. Eine Mauer aus solchen Steinen hat ein unregelmäßiges, richtungsloses, aber sehr lebendiges Fugenbild. Nach DIN 1053 – Teil 1 (1996), muss Zyklopenmauerwerk in Mörtel verlegt werden und ist darum nicht (wie auch das Bruchsteinmauerwerk) dem Trockenmauerwerk zuzuordnen. Der Bestand an historischen Zyklopenmauern (Abb. 2.3.13 und 2.3.14) zeigt jedoch, dass auch nicht DIN-gerechte Ausführungen durchaus haltbar sind. Bemerkenswert ist, dass z. B. in dem traditionsreichen Weinanbaugebiet Sachsens, zwischen Meißen und Radebeul, ein großer Anteil der Trockenmauern in dieser Setztechnik errichtet wurde. Zyklopenmauern werden in Nord- und Westeuropa seit etwa 3000 Jahren gebaut.

Brockenmauer

Das ist ein Mauertyp, der in seiner Grundstruktur der Zyklopenmauer gleicht, jedoch erst mit dem Einsatz moderner Baugeräte wie Bagger und Radlader entstand. Riesige Felsbrocken, die entweder als Findlinge aus dem Boden geborgen wurden oder aus Steinbrüchen stammen, werden aneinander gereiht. Auf Grund von Größe und Gewicht ist eine Handverlegung nicht mehr möglich. An Böschungen können auch mehrere Reihen übereinander gesetzt werden. Da-

2.3.15 oben links
Mit einem Radlader wurden hier diese schweren Steinbrocken geschickt aufgesetzt. Die Pflanzen fühlen sich sichtlich wohl in den Nischen.

2.3.16 oben rechts
Neuangelegter Garten am Hang mit Bruchsteinen zur Hangbefestigung. Hier wird es noch ein gutes Weilchen dauern, bis die Steine harmonisch in die Natur eingefügt sind.

2.3.17 oben
Wie klein ist doch der Mensch vor dieser riesigen Sandsteinbrockenmauer! Sie begrenzt einen tiefen Abgrund neben einer Zufahrt zu einem Steinbruch.

bei wird jede Schicht etwas eingerückt, so dass ein Versatz in Hangrichtung erfolgt (Abb. 2.3.15). Diese Bauweise ist durch das Eigengewicht der Steine äußerst stabil. Da die Oberfläche nicht behauen werden muss, entfällt weitgehend die zeitintensive Steinbearbeitung. Die Zwischenräume werden mit Erde befüllt und begrünt.

Polygonalmauerwerk

Polygonalmauerwerk (Abb. 2.3.18) wird oft mit dem Zyklopenmauerwerk verwechselt. Tatsächlich haben beide jedoch wenig gemeinsam. Der Begriff ist von der polygonalen (vieleckigen) Steinform abgeleitet. Die Seiten der Steine sind so behauen, dass sich in der Sichtfläche Vielecke mit ungleichen Seitenlängen ergeben. Bei der Polygonalmauerwerkbauweise wer-

2.3.18 links
Von Natur aus geben diese über 300 Jahre alten Basaltsäulen die Mauerart vor. Polygone reihen sich aneinander und schaffen ein fein strukturiertes Bild.

2.3.19
Diese mühsam bearbeiteten Sandsteinpolygone fügen sich harmonisch aneinander.

den die Steine mit „Knirschfuge" gesetzt, also so ineinander gepasst, dass ein Auszwickern der Fugen (Verkeilen der Steine mit Splittersteinen) unnötig ist. Die Steine fügen sich dadurch entweder zu einem unregelmäßigen Netz zusammen (Abb. 2.3.18) oder zu einzelnen, von waagerechten Schichtungen unterbrochenen Netzen (Abb. 2.3.19). Älteste Nachweise dieser Bauweise findet man in der Architektur der Antike, etwa im 7. Jh. vor unserer Zeitrechnung und später in Italien. Eines der bekanntesten Bauwerke ist die Stützmauer des Apollotempels in Delphi. Im deutschsprachigen Raum kommt diese sehr eindrucksvolle Bauweise im Trockenmauerbau selten vor. Die Herstellung passgenauer Flächen ist sehr arbeitsaufwendig. Nur Basaltquader bieten auf Grund ihrer natürlichen polygonalen Form gute Voraussetzungen für den Bau solcher Mauern.

Hammerrechtes Schichtenmauerwerk

Bei dieser Mauer werden Steine unterschiedlicher Höhe und Länge an- und ineinander gefügt. Die Mauerschichten verlaufen deshalb nicht exakt gerade, wodurch das Mauerwerk sehr natürlich und aufgelockert wirkt (Abb. 2.3.20). Das Baumaterial besteht aus mechanisch vorbereiteten, meist weicheren Natursteinen, die mindestens 12 cm tiefe Lager- und Stoßflächen haben (Abb. 2.3.20, 2.3.21). Als Materialien werden vorwiegend solche benutzt, die sich bevorzugt in einer Richtungsebene spalten lassen wie z.B. Schiefer und Muschelkalk, aber auch Granit und Syenit. Das Fugenbild einer solchen Mauer entspricht am ehesten unserer Vorstellung einer historischen Quadermauer.

2.3.20
Hammerrechtes Schichtenmauerwerk: Schicht auf Schicht mit einigen Unterbrechungen, in denen senkrecht gestellte Granitquader die Mauer auflockern.

2.3.21
Detail einer hammerrechten Schichtenmauer. Was nicht genau zusammen passt, wird passend gemacht.

Unregelmäßiges Schichtenmauerwerk

Die Sichtflächen der Steine bei diesem Mauerwerk (Abb. 2.3.1 e, S. 14) sind stark bearbeitet und haben mindestens 15 cm tiefe Lager- und Stoßflächen. Die Steinschichten weisen keine vertikal durchgehenden Linien auf. Die Höhe der Steine wechselt innerhalb einer Schicht, wodurch mehrere übereinander liegende Schichten miteinander verbunden werden. Die Regelmäßigkeit im Fugenbild wird dadurch leicht verwischt.

Regelmäßiges Schichtenmauerwerk

Dieses Mauerwerk besteht aus Steinen mit durchgängig bearbeiteten Lagerflächen (Abb. 2.3.1 f, S. 14). An den Stoßfugen müssen die Steine nicht unbedingt bearbeitet sein. Jede Steinschicht kann eine andere Höhe aufweisen. Innerhalb einer Schicht darf die Höhe der Steine jedoch nicht wechseln. Dadurch können bei mehreren Schichten zwar Steine mit unterschiedlichen Höhen verlegt werden, die horizontalen Fugen bilden aber immer eine durchgehende Linie. Dies erzeugt ein Fugenbild, das eine gewisse Regelmäßigkeit erkennen lässt.

Quadermauerwerk

Bei Quadersteinen sind alle Flächen in einheitlichen Maßverhältnissen bearbeitet. Die Struktur der Quadermauer wirkt regelmäßig, es gibt klare, horizontale Schichtungen (Abb. 2.3.1 g, Seite 14). Sie ähnelt einer Ziegelsteinmauer, jedoch mit anderen Steindimensionen (Abb. 2.3.22). Steinquader, deren Ansichtsseiten in bruchrauem Zustand belassen wurden, werden auch *Bossen* oder *Rustika* genannt. Wird die Ansichtsfläche mit einem Randschlag versehen, entsteht der *Kunstbossen*. Fein geschliffene und facettierte Oberflächen werden als *Diamantquader* bezeichnet. Ein Quadermauerwerk sieht sehr gleichmäßig und einheitlich aus. Durch die geordnete Struktur verliert es an Natürlichkeit und wirkt vorwiegend durch die Lebendigkeit des Steinmaterials.

Quadermauerbauten gibt es schon sehr lange. In Deutschland sind Quadermauerwerke typisch in Gegenden mit Vorkommen von Sandstein, Kalkstein und Porphyr. Der Elbsandsteinquader ist beispielsweise ein typischer Vertreter hierfür.

2.3.22
Sorgfältig aufeinandergeschichtete Granitquader begrenzen hier eine Straße und sichern gleichzeitig den dahinterliegenden Hang.

2.3.23
Diese Quadermauer wurde wie kleine Stufen immer weiter zurückgesetzt und lädt dadurch zum Verweilen ein.

Erfindungen und Patente

Im Laufe der Entwicklung des Mauerbaus kam es zu einer Vielzahl von Erfindungen. So sind derzeit weltweit mehr als 100 Patente angemeldet, davon stammen rund 40 Patente aus dem deutschsprachigen Raum. Die meisten befassen sich mit Mauersteinen sehr unterschiedlicher geometrischer Formen und Stecksysteme, sowie mit Biotopsteinen oder Trockenmauersets.

Schon immer gaben die unbefriedigende Festigkeit gegenüber äußeren Kräften und der hohe manuelle Bauaufwand bei Trockenmauern Anlass, nach Verbesserungen zu suchen. Die Ägypter und die Römer z.B. sicherten große Mauerblöcke, indem sie in bestimmten Steinen Löcher einmeißelten. Darin wurden Eisenklammern eingesetzt, die dann mit flüssigem Blei ausgegossen wurden. Andere erfanden Filzstreifen, die sie mit Asphalt tränkten. Diese wurden zwischen die Steine gelegt, um die rauen Oberflächen besser zu verbinden. Im Winter hielt das alles gut, im Sommer weichte der Asphalt auf und verlor seine Klebekraft. Spätere Versuche mit Asbestpappe verliefen ähnlich. 1937 ließ sich Alexander Singer aus Österreich mineralisierte Platten patentieren. Das waren mit Mörtel vernetzte Faserstoffplatten aus Holzwolle, Jute und Draht. Wurden diese Platten zwischen die Steine gesetzt, behielt die Trockenmauer einerseits ihre typischen Eigenschaften, konnte jedoch höhere Schubkräfte aufnehmen.

Der Schweizer Hugo Spross ließ sich bereits 1933 Pflanzschalen patentieren, die in das Trockenmauerwerk eingearbeitet wurden. Diese vorzugsweise für Gartenanlagen gedachte Erfindung, förderte die Begrünung der kahlen Steinwände.

Patente gibt es auch auf technische Hilfen wie speziell geformte Fugenmesser, Blechklammern und Metallbeschläge. Sogar exotische Erfindungen wie die einer asbestfreien Trockenmauerdichtungsmasse gibt es. Aber keine Angst, die klassische Trockenmauer aus Naturstein hat keinen Patentschutz!

2.4 Mauermaterialien

Wie viele Steine sind für den Bau einer Mauer nötig?

Glücklich ist, wer auf seinem Grundstück genügend Steinmaterial findet, um das gewünschte Mauerprojekt zu realisieren. Wie viele Steine werden gebraucht? Und was ist, wenn Steine zugekauft werden müssen? Welche Steine sollten es sein und wie viele werden benötigt?

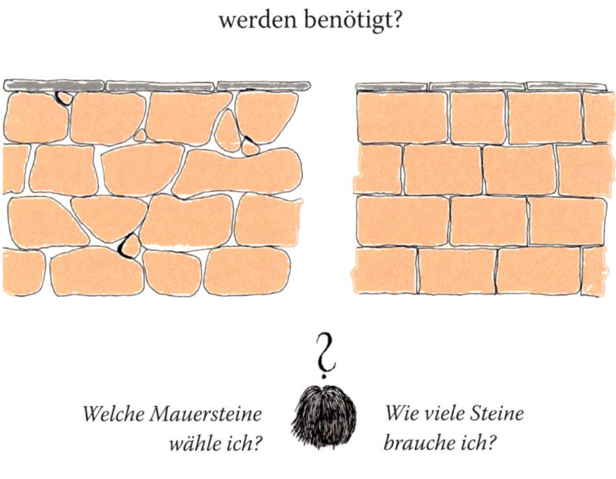

Da Steine eine hohe Dichte aufweisen, sind sie schwer. Basalt, als einer der härtesten Steinmaterialien, ist beispielsweise fast 20% schwerer als Granit (siehe Tab. 2.4.2). Werden die Steine unbehauen zu einer Mauer zusammen gefügt, bilden sie zudem ein weniger dichtes Gefüge als z.B. eine aus Steinquadern gesetzte Mauer. Allein diese Unterschiede machen eine genaue Mengenberechnung beim Trockenmauerbau schwer. Baustoffhändler liefern außerdem nach Gewicht, nicht nach Volumen. Wie also geht man heran, um wenigstens annähernd eine Mengenangabe zu erhalten?

Um ein brauchbares Ergebnis zu erzielen (genau bekommt man es selten hin), sind folgende drei Schritte hilfreich:

Schritt 1: Zunächst wird das Volumen der zu errichtenden Mauer ermittelt. Das ist recht einfach. In unserem Beispiel wollen wir eine 5 m lange (L) Stützmauer aus Granitbruchsteinen errichten, sie soll 1m hoch (H), und 65 cm dick (B) sein. Der Einfachheit halber wird ein rechteckiger Querschnitt angenommen. Die Berechnung sieht so aus:

$$V = L \cdot H \cdot B$$
$$V = 5\ \text{m} \cdot 1\ \text{m} \cdot 0{,}6\ \text{m} = 3{,}25\ \text{m}^3$$

Das gleiche Ergebnis hätten wir erhalten, wenn eine sich verjüngende Mauer am Fuß 80 cm (B_1) und am Kopf 50 cm (B_2) breit wäre.

Schritt 2 ist die Entscheidung für ein Steinmaterial.

Vorteilhaft sind spaltbare Steine, die sich gut bearbeiten lassen, und Steine mit Auflageflächen. Beispielsweise sind das Granite, Sandsteine, Gneis und Quarzit sowie plattige Kalksteine und Konglomerate. Bei den Letzteren sind jedoch frostbeständige Sorten auszuwählen.

Aus dem zuvor errechneten Volumen und der Steindichte erhalten wir

Tabelle 2.4.2 Steinarten für den Bau von Trockenmauern.

Gesteinsart	Dichte ρ [kg/m³]	Druckfestigkeit [N/cm²]	Abbaugebiet
Magmatisches Gestein (Eruptiv-,Vulkanisch-, Erstarrungsgestein)			
Basalt	2900 - 3300	2500 - 4000	Eifel, Oberpfalz, Rhön, Westerwald
Diorit	2700 - 2900	1700 - 3000	Bayerischer Wald, Odenwald
Gabbro	2800 - 3000	1700 - 3000	Bayerischer Wald, Harz, Oberpfälzer Wald, Odenwald
Granit, Syenit	2600 - 2800	1600 - 2400	Bayerischer Wald, Fichtelgebirge, Harz, Lausitz, Odenwald, Schwarzwald, als Findlinge in Norddeutschland
Porphyr, Quarz	2500 - 2800	1800 - 3000	Freiburger Becken, Schwarzwald
Tuffstein	1800 - 2000	200 - 300	Osteifel
Bimsstein	400 - 900	25 - 75	Neuwieder Becken
Sedimentäres Gestein (Schichtung/Ablagerung)			
Grauwacke	2600 - 2650	1500 – 3000	Bergisches Land, Eifel, Frankenwald, Harz, Lausitz, Rheinisches Schiefergebirge, Schleifergebirge, Sauerland, Thürigisches Westerwald
Sandstein	2000 - 2800	300 – 2000	Elbsandsteingebirge, Mühlheim a.d.Ruhr, Schwarzwald, Odenwald, Neckartal, Thüringen, Wesergebiet
Kalkstein	2600 – 2900	800 – 1800	Altmühltal (Solnhofen),
Dolomit	1700 – 2800	800 – 1800	Alpen, Franken, Hessen, Würtemberg
Travertin	2400 - 2500	2000 - 2500	Thüringer Becken, Schwäbische Alb, Elm
Nagelfluh	2300 - 2700	350 - 500	Allgäu
Metamorphes Gestein (Umwandlungsgestein)			
Marmor	2700 - 2850	800 - 1800	Auerbach, Passau, Wunsiedel
Schiefer	2400 - 2800	1200 - 1900	Rhein, Mosel, Vogtland, Thüringen
Quarzit	2600	1500 - 3000	Österreich, Schweiz, Italien
Gneis	2600 - 2800	1600 – 2800	Tessin, Italien, Österreich
Künstliche Steine			
Beton	2000 - 2800	50 - 550	Gewegplatten, Straßenbelag, Abrissmaterial
Mauerziegel	1200 - 2200	40 - 280	Abrissgebäude,
Kalksandstein	1600 - 2000	120 - 280	Abrissgebäude,
Hüttensteine, Hochofenschl.	1600 - 2000	150 - 350	Abrissgebäude, Straßenpflaster

das theoretische Steingewicht, das wir bestellen müssen. Tabelle 2.4.2 soll dabei eine kleine Entscheidungshilfe für einige der bekanntesten Gesteinsarten sein. Die Werte sind Mittelwerte. Da Natursteine nicht genormt sind, können Abweichungen auftreten. Die Druckfestigkeit ist für unser Rechenbeispiel nicht weiter relevant, gibt aber Auskunft über die Steinhärte. Steine mit hohen Zahlenwerten lassen sich demnach schwerer bearbeiten als Steine mit niedrigeren Zahlenwerten. Genaue Angaben kann in der Regel auch der Baustofflieferant liefern.

In unserem Beispiel entscheiden wir uns für einen mittleren Granitstein.

Wir rechnen:

$$m_{theo} = V \cdot \rho$$
$$m_{theo} = 3{,}25\ \mathrm{m}^3 \cdot\ 2700\ \mathrm{kg/m}^3$$
$$= 8775\ \mathrm{kg}$$

Der theoretische Mengenbedarf m_{theo} liegt also bei rund 8,8 Tonnen.

Schritt 3: Nun kommt der schwierigste Teil unserer Berechnung. Je nachdem, wie wir die Steine zu einer Mauer zusammenfügen, müssen wir einen Auf- bzw. Abminderungsfaktor berücksichtigen, um die tatsächlich zu bestellende Steinmenge zu erhalten. Das bedeutet:

Für den Fall, dass wir unbearbeitete Bruchsteine in unterschiedlichen Größen verwenden, werden in der Mauer sehr viele Hohlräume entstehen. Dieser „Leeranteil" kann bis zu 15% des Volumens betragen. Ein typischer Anwendungsfall ist die Pflanzmauer, bei der die Fehlstellen mit Erde verfüllt und dann bepflanzt werden. Wir bräuchten also nur 85% der Steinmenge einzukaufen. Anders sieht es dagegen bei einer sehr passgerecht verfugten Mauer aus. Alle Steine sitzen auf „knirsch", die einzelnen Schichten liegen vollflächig aneinander. Es gibt keine Hohlräume mehr. Um eine solche Mauer maßgenau herzustellen, müssen viele Steine zugeschlagen werden. Nicht jeder Stein passt, einige müssen nachgespitzt oder eingekürzt werden. Es entsteht jede Menge Gesteinsabfall. Dieser kann bis zu 10% des Gesamtvolumens betragen. Demzufolge müssen wir 1/10 mehr Steine einkaufen.

In unserem Beispiel schätzen wir, unsere Bruchsteinmauer wird etwa 10% Fugen- und Hohlanteile aufweisen.

Die Berechnung sieht dann so aus:

$$m_{prak} = m_{theo} \cdot 0{,}9$$
$$m_{prak} = 8775\ \mathrm{kg} \times 0{,}9 = 7897\ \mathrm{kg}$$

Wir bestellen beim Baustofflieferant 7,9 t Granitbruchsteine. Hier haben wir aufgerundet, weil bei einer Steinlieferung auch Abrieb und Steinsplitter entstehen. Teilen wir jetzt noch das errechnete Gewicht durch die Mauerlänge, erhalten wir 1580 kg/m, das Gewicht der zu errichtenden Mauer pro Laufmeter. Diesen Wert benötigen wir später noch für die statischen Berechnung (siehe Kap. 5.4). Letztendlich liegt die Entscheidung über die präzise Steinmenge auch an der richtigen Einschätzung der Bauweise. Zuvor erworbene Erfahrungen mit dem verwendeten Steinmaterial sind dabei sehr hilfreich.

3 Bedeutung von Trockenmauern

Im folgenden Kapitel werden die Eigenschaften von Trockenmauern vorgestellt, wobei nicht nur auf bautechnische Faktoren, sondern auch auf ihren kulturellen und ökologischen Wert eingegangen wird.

3.1 Bautechnische Vorzüge

Eine der interessantesten bautechnischen Eigenschaften von Trockenmauern ist ihre Elastizität. Sie können sich ohne erkennbare Schäden über Jahre hinweg verformen. Risse, Ausbuchtungen, Abplatzungen und Lageveränderungen werden kaum wahrgenommen und führen nicht zwangsweise und unmittelbar zu einer Zerstörung der Mauer. Die Fehlertoleranz bei mangelhafter Ausführung ist bei Trockenmauern viel größer als bei vermörtelten Mauern. So werden beispielsweise Risse in einer geputzten Wand sofort als besorgniserregend empfunden, während den Fugen in einer Trockenmauer wenig Bedeutung beigemessen wird.

Die unterschiedlichen klimatischen Einflüsse haben keine Auswirkung auf ihre Lebensdauer. Feuchtwarmes Klima kann der Mauer ein grünes Mooskleid bescheren, das ihr ein romantisches Aussehen verleiht. Im Winter kann der Frost unter Umständen einzelne Steine „zerbröseln", der Zusammenhalt der gesamten Mauer bleibt jedoch dank ihrer Flexibilität erhalten. Normalerweise gehört Feuchtigkeit zum schlimmsten Feind an und in jedem Baukörper. Die Trockenmauer bildet da eine Ausnahme. Durch den offenen, wasserdurchlässigen Versatz hat sie eine hervorragende Drainage. Bei Hangbefestigungen kann drückendes Wasser ungehindert durch die Mauer hindurchsickern, so dass gefährliche stauende Nässe vermieden wird (siehe auch Seite 44 ff.).

Fachgerecht errichtete Trockenmauern können Jahrhunderte überstehen und behalten dabei ihre Funktion. Schonend und schützend für Natur und Umwelt ist für ihren Bau weniger als ein Viertel der Energie nötig, die zur Herstellung einer vergleichbaren Betonmauer aufzuwenden wäre.

Ein weiterer Vorteil ist die Nutzung vorhandener, natürlicher Baustoffe. Bei jedem größeren Erdaushub fallen Steine an. Diese müssen nicht aufwendig und teuer auf einer Deponie entsorgt werden. Mit Phantasie und Muskelkraft kann das Material noch gute Dienste als gestalterisches Element im eigenen Garten leisten. Grobe Steinsplitter und Bruchstücke können als Füllstoff hinter einer Trockenmauer Verwendung finden. Dass sich auch aus Bauschutt attraktive Trockenmauern herstellen lassen, wird auf Seite 65 ff. beschrieben.

3.2 Historische und kulturelle Werte

Trockenmauern gehören zu unserer Kulturlandschaft. Sie prägen durch ihre regionalen Besonderheiten das Ortsbild. Die Art des Baumaterials spiegelt die geologische Eigenheit einer Region wider. So wird es als selbstverständlich empfunden, dass es beispielsweise im Elbsandsteingebirge Sandsteinmauern gibt. Das Material der Trockenmauer passt sich im Laufe der Jahre stark seiner Umgebung an, so dass die handgesetzten Mauern wenig auffallen. Der natürliche Glanz des bearbeiteten Steines verliert bald an Frische und übernimmt die Farben aus der Natur. Blickt man aus der Entfernung auf die Terrassierungen eines Berges, lässt sich sofort der Weinanbau erkennen. Das liegt an der typischen Strukturierung, die mitunter zum Sinnbild einer ganzen Region wird. Die Hangmauern prägen seit Jahrhunderten das Bild und den Charakter einer Landschaft, hinterlassen in uns das Gefühl eines harmonischen Gleichgewichts zwischen mühevoller Arbeit und respektabler Weinernte.

Die früher errichteten Trockenmauern sind ein großartiger Beleg alter Handwerkskunst und Zeugnisse historischer Wirtschaftskraft. Können wir diese alten Beweise für die kommenden Generationen bewahren, dann bleiben auch die Achtung vor unseren Vorfahren und die Wertschätzung ihrer Werke erhalten.

3.01
Alte Handwerkskunst

3.3 Trockenmauern als Lebensraum

Eine Trockenmauer kann zumindest teilweise die Funktion einer Steinhalde oder Geröllandschaft oder sogar einer Felslandschaft übernehmen. In unserer mehr und mehr ausgeräumten, aufgeräumten und teilweise monotonen Landschaft bieten Trockenmauern zahlreichen Tieren und Pflanzen einen Lebensraum, der anderswo infolge moderner Bauweisen verlorengegangen ist.

Der ökologische Nutzen einer Trockenmauer ist von nicht geringer Bedeutung, wärmeliebende Tiere finden in Spalten, Ritzen und Hohlräumen einen Unterschlupf bzw. einen Nist- und Brutplatz. Vor allem die mancherorts bedrohten heimischen Siedler können in und um die Trockenmauer ihren Lebensraum finden. Unter günstigen Voraussetzungen kann in einer größeren Mauerspalte ein Hausrotschwänzchenpaar brüten. Auch Mauerbienen, Steinhummeln und Zauneidechsen finden rund um die Trockenmauer eine Lebensgrundlage und einen Sonnenplatz (siehe auch Seite 77 ff).

Doch nicht nur für Tiere und Pflanzen sind Trockenmauern von großer Bedeutung. Auch für den Boden bieten sie einen Schutz, indem sie als Sperre den Bodenabtrag und eine ungehinderte Erosion über weite Flächen verhindern.

4 Bauvorschriften

Ist eine größere Trockenmauer geplant, gilt es einige Vorschriften und Regelwerke zu beachten, auch, um spätere Nachbesserungen und Ärger zu vermeiden. Ab welcher Baugröße benötige ich eine Baugenehmigung? Wie nah darf ich an Nachbars Grundstück bauen? Gibt es eine Ortssatzung mit landschaftsarchitektonischen Vorschriften? Sind nur bestimmte Materialien erlaubt? Gibt es gestalterische Vorgaben? Solche Fragen sollten im Vorfeld geklärt werden.

Für eine Kräuterspirale oder eine kleine Einfriedung im Garten wird in der Regel keine Baugenehmigung benötigt. Genehmigungspflichtig wird eine Mauer erst dann, wenn sie größere Dimensionen haben soll. Dabei spielen auch Folgemaßnahmen eine Rolle, z.B. wenn die Mauer einer Hangbefestigung oder einer größeren Terrassierung dient, bei der eine Menge Erde bewegt werden muss. Klarheit bringt in diesem Fall meist schon ein Blick in die *Landesbauordnung*. In der Bauordnung sind die Beschränkungen für genehmigungsfreie Vorhaben zu finden und auch die Grenzbebauung ist dort geregelt. Der Gesetzgeber benennt beispielsweise für Grenzmauern Abstandsflächen, die eingehalten werden müssen. Maßgebend dafür sind vor allem der Standort (Unterscheidung in Kerngebiet, Außenbereich und Gewerbegebiet) und die Höhe des zu errichtenden Bauwerkes.

Unterschiedlich dagegen fällt die Antwort zur Architektur aus. Während in einigen Gemeinden oder Landkreisen Satzungen existieren, die klare Vorgaben zur Bauform oder zu den einzusetzenden Materialien machen, ist der Bau in anderen Gegenden völlig freigestellt oder nur wenig reglementiert. Im letzteren Fall besteht leider die Gefahr, dass etwas er-

DIN-Normen

Die wesentliche Grundlage für die fachgerechte Ausführung von Mauerwerksbauten bilden die nachfolgend genannten DIN Normen. In diesen Normen wird allerdings nicht explizit auf Trockenmauerwerk eingegangen, vielmehr beziehen sich die meisten Vorgaben auf die unterschiedlichen Grundtypen von Mauern unter Einbeziehung von Mörtel. Deshalb lassen sich nicht alle DIN-Normen auf Trockenmauerwerk übertragen, vieles deckt sich jedoch mit den überlieferten Erfahrungen alter Handwerkerregeln.

- DIN 18330 „Maurerarbeiten" für Mauerwerk aus natürlichem und künstlichem Stein. Sie ist Bestandteil der VOB Vergabe- und Vertragsordnung für Bauleistungen Teil C und beschäftigt sich mit den Allgemeinen Technischen Vertragsbedingungen zur Ausführung. Darin enthalten sind z.B. Vorgaben für Verblendmauerwerk und Mauerabdeckungen (gilt jedoch nicht für Quadermauerwerk).
- DIN 18332 „Naturwerksteinarbeiten". Diese Norm beinhaltet die Allgemeinen Technischen Vertragsbedingungen und ist Bestandteil der Vergabe und Verdingungsordnung von Bauleistungen (VOB) Teil C. Sie bildet eine wichtige Ausführungsgrundlage bei der Verarbeitung von Quadermauerwerk aus Naturstein.
- DIN 1053 - 1 „Mauerwerk" Der Teil 1 beschäftigt sich mit der Berechnung und Ausführung von Mauerwerk aus künstlichem und natürlichem Stein. Im Kap. 12 werden allgemeine Regeln zum Mauerverband genannt. Durch die Anpassung an Internationale Standards wurde das Regelwerk teilweise durch die DIN V 18580 und DIN EN 998-2 ersetzt.
- DIN 52009, DIN 52102, DIN 52106, DIN 52108, und DIN 52112 beinhalten Vorgaben zur Prüfung von Naturstein. Darin werden verschiedene Prüfverfahren beschrieben. Später hinzugekommen ist die DIN EN 1926 (2007) und die DIN EN 13755 (2008), die ebenfalls Prüfverfahren für Natursteine festlegen.

richtet wird, das auf wenig Akzeptanz der Nachbarn stößt. Hilfreich ist oft ein kleiner Spaziergang in die nähere Umgebung, um herauszufinden, welche Gesteinsarten und -formen ortstypisch sind. Denn das Steinmaterial sollte bevorzugt aus der Gegend stammen, in der die Trockenmauer errichtet wird. Auch der örtliche Baustoffhändler kann Auskunft zur Herkunft der Steine in seinem Sortiment geben. Nichts ist befremdender als italienischer Buntsandsteinquader im Vorgarten, wenn die Gegend z.B. reich an Schieferbrüchen ist.

Werden Trockenmauern von einer Fachfirma errichtet, hat diese sich nach den anerkannten Regeln der Technik zu richten. Dabei spielt es keine Rolle, ob es sich um eine öffentliche Baumaßnahme im Rahmen der Dorferneuerung und Flurentwicklung oder um einen privaten Auftrag auf eigenem Grund und Boden handelt. Dem Selbstbauer ist natürlich freigestellt, nach welchen Regeln er arbeitet. Auf der sicheren Seite bewegt er sich jedoch immer, wenn er die anerkannten Regeln der Technik beachtet.

4.1 Natur- und Denkmalschutz

Trockenmauern gehören zu den Bauwerken, die sich in angenehmer und umweltverträglicher Weise in die natürliche Landschaft einfügen. Ob sie als schön und schützenswert empfunden werden, hängt von mehreren Faktoren ab.

4.1.1
Vor der schön gesetzten Quadermauer steht leider unschön ein Abwasserrohr, das besser hinter die Mauer gehört hätte.

Das verwendete Steinmaterial spielt dabei die entscheidende Rolle. Es sollte sich, wie oben erwähnt, in Form und Farbe der Umgebung anpassen, d.h. es sollte aus der Region stammen, in der es benutzt wird. Andernfalls wird es sich nicht gut in das gewachsene Landschaftsbild einfügen.

Die Bauweise ist ebenso bedeutend wie das Gestein selbst. Die über Jahrhunderte entstandenen Bauweisen

4.1.2 links
Keinen schönen Anblick bietet dieser Rohraustritt

4.1.3 rechts
Ein Fremdkörper bleibt diese Vermessungsmarke an einer Natursteinwand.

sind Zeugnisse überlieferter Handwerkskunst und regionaler Baustile. Nachträgliche Einbauten, wie z.B. herausragende Entwässerungsrohre, mit Mörtel verfugte Mauerpartien oder nachträgliche Reparaturen mit Ziegelsteinen beeinflussen die optische Wirkung negativ (Abb. 4.1.1 bis 4.1.3). Weniger auffallend, aber dennoch befremdend ist die künstliche Ansiedlung von Pflanzen, deren natürlicher Lebensraum nicht in der Region zu finden ist. Dazu gehören beispielsweise Steingartenpflanzen aus dem Baumarkt oder Gartencenter. Bei Pflanzmauern im Hausgarten dagegen kann eine farbenfrohe Bepflanzung damit sehr wirkungsvoll aussehen. Im Mauer-Biotop aber ist ein solcher Eingriff in den natürlichen Lebensraum eher unpassend. In Kapitel 7 (Seite 77 ff.) werden Pflanzen vorgestellt, die bei uns an Trockenmauern heimisch sind.

Die Bauweise, das Material und der Bewuchs von Trockenmauern - diese drei Faktoren beeinflussen ganz wesentlich Erscheinung und Wirkung solcher Mauern in der Landschaft. Es sind oft Einfachheit und Natürlichkeit, die den Menschen besonders ansprechen. Trockenmauern vermitteln ein Gefühl für Schönheit und Geschichte, übernehmen kultivierende Funktionen in der Bewirtschaftung von Grund und Boden, schaffen ökologische Ausgleichsräume und tragen als Gestaltungselement zur Identität einer Region bei.

Naturschutz

Im Bundesnaturschutzgesetz § 2 (14) findet die Trockenmauer indirekt Beachtung. „*Historische Kulturlandschaften und -landschaftsteile von besonderer Eigenart, einschließlich solcher von besonderer Bedeutung für die Eigenart oder Schönheit geschützter oder schützenswerter Kultur-, Bau- oder Bodendenkmäler, sind zu erhalten*“.

Diese Vorgabe wurde von den Ländern spezifiziert bzw. erweitert. Stellvertretend sei hier das Sächsische Naturschutzgesetz zitiert. In ihm wird die Trockenmauer als Biotop anerkannt und unter besonderen Schutz gestellt: §26 (1) „*Auch ohne Rechtsverordnung oder Einzelanordnung und ohne Eintragung in Verzeichnisse ste-*

4.1.4
Die 150 Jahre alte Buche ist genauso erhaltenswert wie die noch ältere Trockenmauer. Die Zeit wird zeigen, was länger Bestand hat.

4.1.5
Hier ist hinter einer verputzten Fassade eine Trockenmauer versteckt. Die Wurzel brachte es an den Tag.

hen nachfolgende Biotope unter besonderem Schutz: ... 6. Streuobstwiesen, Stollen früherer Bergwerke sowie in der freien Landschaft befindliche Steinrücken, Hohlwege und Trockenmauern. ... (2). In den besonders geschützten Biotopen sind alle Maßnahmen, die zu ihrer Zerstörung oder sonstigen erheblichen oder nachhaltigen Beeinträchtigung führen können, verboten. Insbesondere ist verboten: 1. die Änderung oder Aufgabe der bisherigen Nutzung oder Bewirtschaftung, 2. das Einbringen von Stoffen, die geeignet sind, Beeinträchtigungen im Sinne von Satz 1 hervorzurufen."

Demnach darf eine Trockenmauer zum Beispiel nachträglich nicht mit Mörtel verfugt oder verputzt werden. Die Naturschutzbehörden führen Verzeichnisse über besonders geschützte Biotope. Es ist deshalb empfehlenswert, sich vor einem baulichen Eingriff an einer alten Trockenmauer eine Genehmigung einzuholen. Andernfalls kann die Wiederherstellung des ursprünglichen Zustands angeordnet werden.

Denkmalschutz

Der Denkmalschutz hat die Aufgabe, Kulturdenkmale zu schützen und zu pflegen. Diese Aufgabe übernehmen in der Regel die Bundesländer und deren Landkreise und Gemeinden. Dabei arbeiten sie eng mit den Eigentümern von Kulturdenkmalen zusammen. Unter Kulturdenkmalen werden im Gesetzestext des Denkmalschutzgesetzes von Menschen geschaffene Sachen verstanden, sogenannte Sachgesamtheiten, die Umgebung eines Kulturdenkmals, archäologische Reservate und geschichtsträchtige Orte. Trockenmauern sind im Gesetzestext nicht explizit genannt, jedoch lassen sie sich zu

- Bauwerken
- Werken der Garten- und Landschaftsgestaltung,
- Teile und Spuren von Sachen, die wegen ihrer landschaftsgestaltenden Bedeutung von öffentlichem Interesse sind und
- Reste von Siedlungs- und Befestigungsanlagen

einordnen.

Diese Kulturdenkmäler sind in Verzeichnissen (Kulturdenkmallisten) aufgenommen und stehen der Öffentlichkeit zur Einsicht zur Verfügung. Jeder, ob Privatperson (Eigentümer) oder Gemeinde, hat das Recht, einen Antrag auf Feststellung von Denkmalschutz zu stellen. Das heißt in der Praxis, jeder der es für wichtig und richtig hält, dass eine Sache geschützt werden soll, kann einen Antrag bei der Denkmalschutzbehörde stellen. Die Denkmalschutzbehörden des entsprechenden Landes übernehmen die Belange des Denkmalschutzes. Jegliche Art der Veränderung an einem denkmalgeschützten Kulturgut bedarf demnach der Zustimmung der Denkmalschutzbehörde. Wenn ein denkmalgeschütztes Werk wiederhergestellt oder instandgesetzt wird, kann das Land je nach zur Verfügung stehenden Haushaltsmitteln einen Zuschuss gewähren. Weiterführende Informationen beinhalten die landesspezifischen Denkmalschutzgesetze bzw. können die zuständigen Denkmalschutzbehörden geben.

Unter Umständen kann eine Trockenmauer in den sog. Sachgesamtheiten unter Ensembleschutz stehen, beispielsweise in einem Arrangement aus einem Dreiseithof mit Begrenzungsmauer aus trocken gesetzten Natursteinen.

Je nach Haushaltsmitteln gibt es Fördermittel für denkmalgeschützte Objekte. Warum aber macht es Sinn, eine alte Trockenmauer unter Schutz zu stellen? Zum einen, weil der Einsturz von historischen Trockenmauern rasant zunimmt, und zum anderen, weil Trockenmauern ökologisch wertvolle Nischen bieten.

4.2 Fördermöglichkeiten

Die Suche nach Fördermitteln ist eine spannende aber auch komplizierte Angelegenheit, bei der es sich lohnt, den Rat der entsprechenden Behörden einzuholen. Während in Deutschland mittlerweile überall Trockenmauern als erhaltenswerte Bausubstanz anerkannt werden, hat sich die Förderbereitschaft noch nicht allerorts durchgesetzt. Dabei bietet es sich gerade hier an, Gelder aus Ausgleichsmaßnahmen ökologisch sinnvoll einzusetzen. Beispielgebend könnten die Förderrichtlinien der Städte Mühlacker und Rottenburg am Neckar (Baden-Württemberg) sein. Sie fördern den fachgerechten Neubau bzw. die Wiederherstellung von Trockenmauern mit 70% der Kosten für die Steine und mit einer Aufwandsentschädigung von bis zu 50 Euro pro m^2 Trockenmauer. Bei besonders schwer zugänglichen Mauern kann sogar die Kostenübernahme für einen Lastenaufzug beantragt werden. Die wiederhergestellten Trockenmauern werden als naturschutzrechtliche Ausgleichsmaßnahmen der Stadt angerechnet. In Sachsen ist aktuell ein Förderprogramm aufgelegt, in dem der Freistaat die Sanierung von Weinberg- und Trockenmauern fördert. Die Wiederherstellung dieser Trockenmauern dient dem Erhalt der historisch geprägten Kulturlandschaft und der ökologisch besonders wertvollen Struktur für zahlreiche geschützte Arten. Die Stadt Dresden z.B. fördert Sicherungsmaßnahmen an erhaltenswerten Gebäuden, Ensembles oder sonstigen baulichen Anlagen von geschichtlicher, künstlerischer oder städtebaulicher Bedeutung, zu denen auch Trockenmauern gezählt werden. Für größere Bauvorhaben lohnt es sich daher auf jeden Fall, nach Fördermitteln Ausschau zu halten.

5 Trockenmauern bauen

Wie oben beschrieben, können Trockenmauern sehr unterschiedlich ausgeführt werden. Es gibt jedoch einige Vorbereitungen, die für alle Mauern gleich sind. Dazu gehören die Einrichtung der Baustelle, die Planung des Bauablaufs und das Bereitstellen des richtigen Werkzeuges.

Bevor es an den praktischen Teil des Trockenmauerbaus geht, ist es deshalb sinnvoll, auf einige handwerkliche Grundlagen näher einzugehen.

5.1 Werkzeug für den Mauerbau

Sehr selten gelingt es, eine Mauer fachgerecht zu setzen, ohne auch nur einen einzigen Stein zu bearbeiten. Selbst bei einer einfachen Bruchsteinmauer ist es manchmal schwer, immer passgenaue Steine zu finden. Deshalb kommt man oft nicht umhin, einzelne Steine nachzubearbeiten. Bei aufwendigeren Mauern, wie z.B. bei Quadermauerwerk (siehe S. 21), ist ohnehin die Bearbeitungstechnik der Steinmetze gefragt. Auf den ersten Blick scheinen moderne Werkzeuge wie Trennschleif- und Schlagbohrmaschine sehr hilfreich. Für den Profibereich bieten sich auch Drucklufthämmer mit Kompressoren an. Für das grobe Zerteilen der Steine ist dies hilfreich; für die Oberflächenbearbeitung fehlt jedoch das notwendige Fingerspitzengefühl des Steinmetzen. Maschinen hinterlassen typische Spuren. An den Steinen sind die Bearbeitungsspuren moderner Arbeitsmittel zu erkennen und diese wirken, zumindest an der Sichtfläche, nicht kulturhistorisch authentisch. Wer also Wert auf traditionelle Bauweise legt, sollte die Oberfläche nachträglich korrigieren oder von vornherein auf den Einsatz von Maschinen verzichten.

Für das Aufsetzen kleinerer Trockenmauern zuhause reichen meist die üblichen Handwerkzeuge und Geräte aus, wie sie für Gartenarbeiten gebräuchlich sind (siehe Tab. 5.1.1). Sie erfordern keine besondere Pflege und müssen nicht teuer sein. Manches lässt sich auch auf einem Trödelmarkt finden.

Tab. 5.1.2 gibt einen Überblick über die Handwerkzeuge, die im Laufe der Jahrhunderte zur Steinbearbeitung entwickelt wurden. Der Steinmetz bezeichnet diese Werkzeuge als Geschirr und das einzelne Werkzeug als Eisen. Der Stahl dieser Werkzeuge ist nicht sehr hart. Denn mit zunehmender Härte wird das Eisen spröde und die Schneiden brechen schnell aus. In der Schmiede wird das Metall deshalb „lang ausgezogen", also nach der Wärmebehandlung sehr langsam abgekühlt. Beim Nachschärfen an einer Schleifmaschine ist dies zu beachten. Besonders die dünnen Flächen werden schnell heiß. Läuft die Schneide während des Schleifvorganges blau an

	Werkzeuge	Bemerkungen
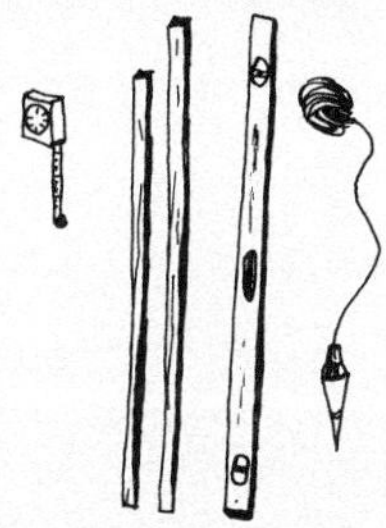	**Für die Maßgenauigkeit** Gliedermaßstab Bandmaß Wasserwaage Wiegelatte Anschlagwinkel Reißnadel Richtschnur Holzlatten + Nägel	Das Bandmaß ist für das Abstecken großer Strecken gut. Beim Aufsetzen der Mauer ist der als „Zollstock" oder „Schmiege" bekannte Gliedermaßstab hilfreich. Dank der beweglichen Teile kann er auch als Schablone genutzt werden, um einen passenden Stein zu suchen. Bei der Wasserwaage heißt es: „je länger, je lieber". Auf eine gerade Holzlatte gelegt, lässt sie sich auch verlängern. Zum Prüfen legt man die Wasserwaage zunächst auf eine ebene Fläche auf. Dann wird sie um 180 Grad gedreht. Beide Male muss die Luftblase die gleiche Einstellung anzeigen.
	**Für den Transport** Sackkarre Schubkarre Mehrere Eimer Hartholz oder Eisenrohr Rundhölzer Holzbohle Brechstange	Für den Transport der Steine benötigt man eine stabile Schubkarre aus Metall. Wichtig ist, dass sich vor dem Rad ein Bügel befindet. Damit lässt sich die Schubkarre leichter abkippen. Schwere Steine legt man auf das vordere Drittel, möglichst über das Rad. So rollt es sich leichter. Wer Probleme mit der Balance hat, kann auch einen zweirädrigen Karren verwenden. Große Steine transportiert man besser mit der Sackkarre. Wichtig ist, dass die Räder Luftbereifung haben und gut aufgepumpt sind.
	**Zum Steine setzen** Fäustel Bossierhammer Brechstange Hartholz-Kantholz verschiedene Meißel Trennschleifmaschine	Eine Brechstange ist etwa 1,5m lang und 15 kg schwer. Sie ist unverwüstlich zum Herauslösen von festsitzenden Steinen und zum Rücken und Drücken von Steinen. Es gibt auch kleinere Eisen, wie z.B. der Kuhfuß oder das Nageleisen. Sie besitzen meist eine flache und eine abgewinkelte Seite. Mit 40 bis 70 cm Länge sind sie wesentlich handlicher.
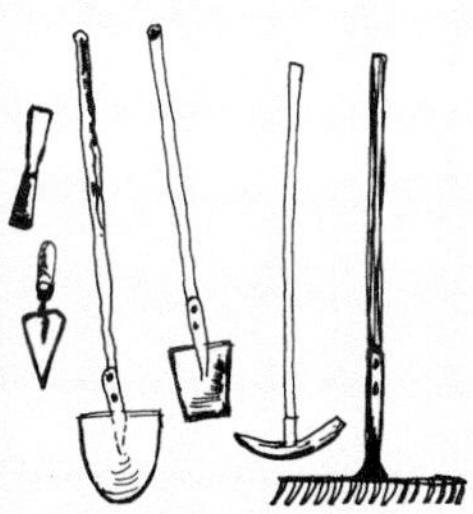	**Zum Schachten** Spaten Schaufel Spitzhacke Glättkelle Besen	Es gibt Schaufeln mit einem runden, leicht angespitzten Blatt. Mit diesem lässt sich Erde und Schotter gut abgraben. Schaufeln mit einem geraden Blatt dagegen sind besser zum Planieren oder Schippen von lockerem Boden und Splitt. Auch kommt man besser mit Ecken und geraden Kanten zurecht.
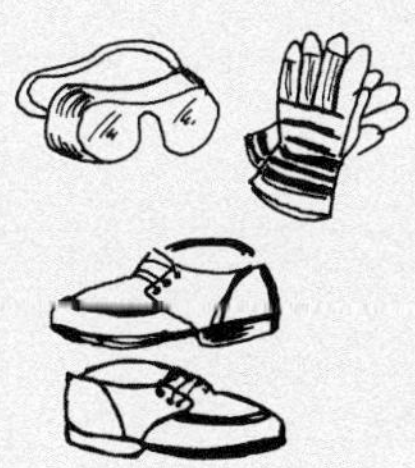	**Für Ihre Sicherheit** Schutzbrille, Handschuhe, festes Schuhwerk Schutzhelm Atemschutz (bei Staubentwicklung durch Steinbearbeitungen) Erste-Hilfe-Box Wasser und (alkoholfreie) Getränke	Auch Brillenträger sollten bei der Steinbearbeitung eine Schutzbrille aufsetzen. Sie schützen die Augen vor seitlich eindringenden Steinsplittern. Genauso wichtig ist bei diesen Arbeiten der Atemschutz. Die leichten Staubmasken helfen zwar, besser sind aber richtige Atemschutzmasken mit Staubfilter. Diese gibt es in jedem Baumarkt. Früher arbeiteten die Steinmetze ohne Atemschutz. Viele sind durch die so genannte Staublunge kaum älter als 45 Jahre geworden. Eine Erste-Hilfe-Box ist wichtig und notwendig, damit bei Verletzungen an Händen, Fingern und bei umgeknickten Füßen erste Hilfe geleistet werden kann.

5.1.1 Handwerkszeug für den Bau kleinerer Mauern

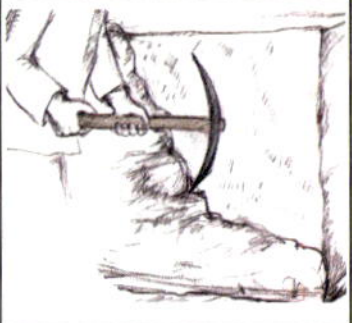

Der **Zweispitz** ist eines der ältesten Werkzeuge und wird für das erste Zurechtschlagen von großen Rohblöcken und für das grobe Behauen von Oberflächen verwendet. Der Kopf mit seinen zwei Spitzen wiegt etwa 3 – 5 kg. Der verhältnismäßig kurze Stiel wird mit beiden Händen gefasst. Das Abspitzen mit dem Zweispitz wurde bevorzugt in der Frühromanik angewandt. Es hinterlässt unregelmäßige, oft lang gezogene Hiebspuren, die wesentlich gröber ausfallen als die von Spitzeisen hinterlassenen Spuren.

Zahneisen, Zahnfläche, Doppelzahnfläche und Zahnhammer dürften ihren Ursprung in Gebieten mit Weichgestein haben, da sie bei hartem Gestein mit altertümlichen Werkzeugstählen nicht einsetzbar waren. Das Eisen wurde zur Oberflächenbearbeitung eingesetzt, sehr flach gehalten und mit großer Kraft geschlagen. Dadurch entstehen lange, leicht gebogene Rillenspuren. Seine Blütezeit erlebte das Werkzeug mit Beginn der Gotik und in der verfeinerten Form im Barock.

Spitzeisen, Schlageisen, Zahneisen, Beizeisen sind spezielle Meißelarten, mit denen die Bossen (die bruchrauen Flächen) beseitigt werden. Sie eignen sich auch zur Herstellung des Kantenschlages. Eine besondere Form ist der Zweispitz, auch als **Hundezahn** bekannt. Er kommt bei Weichgestein zum Einsatz, bei dem eine einzelne Spitze im Material stecken bleiben würde. Das Spitzeisen selbst wurde im deutschsprachigen Raum etwa ab dem 11. Jahrhundert benutzt. Die gerichteten Schlagspuren hinterließen längliche Rillen, die sich zu einfachen geometrischen Mustern vereinten.

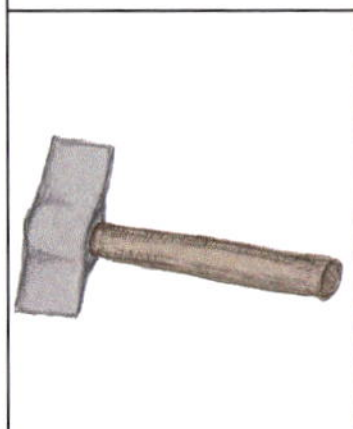

Bossierhacke, auch **Steinhacke, Doppelfläche, Glattfläche, Glattpille, Flächenhammer** oder **Spitzfläche** genannt, ist eine Weiterentwicklung und wurde ab Anfang des 12. Jahrh. bis in die Mitte des 15. Jahrhunderts sehr häufig verwendet. Als Arbeitsgang nach dem groben Abspitzen des Steines glättete man damit die Oberfläche. Das Werkzeug wird mit zwei Händen gehandhabt. Die Tiefe der Hackspuren ist regelmäßiger und mit weniger Abplatzungen verbunden. Beim genaueren Betrachten lassen sich sogar die Breiten der Werkzeuge ablesen. Mit der fortschreitenden Entwicklung der Schmiedetechnik wurde dieses Werkzeug von den Scharriereisen abgelöst.

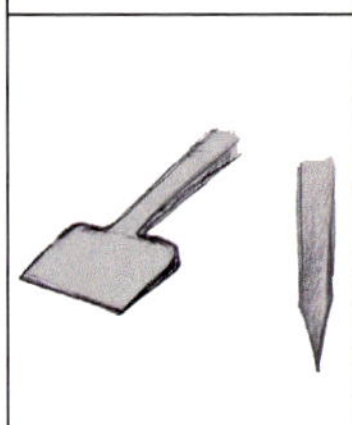

Scharriereisen, Breiteisen ist ein Flachmeißel, der Mitte des 15. Jahrhunderts aufgekommen ist und vermutlich aus Flandern nach Deutschland kam. Die stets zweiseitig geschärften Schneiden gibt es in unterschiedlichen Breiten zwischen 4 cm und 24 cm. Da das Werkzeug für die feinere Oberflächenbehandlung verwendet wird, schlägt man es stets mit dem schonenden Knüpfel (siehe unten). Wird es auf der Fläche angesetzt, entstehen strichartige Vertiefungen, so genannte Scharrierungen. In der Gotik war es üblich, den Meißel in einem Winkel von etwa 60° zu halten, ab der Barockzeit senkrecht. Mit dem Scharriereisen lassen sich exakte Kanten schlagen.

Knüpfel, Klöpfel, Klipfel, Klüpfel, Knüppel, Klopfstock ist ein hammerähnliches Schlagwerkzeug aus Hartholz (Esche, Buche). Der Kopf hat die Form eines abgerundeten Kegels oder einer Glocke, weshalb die Schlagfläche nicht wie bei einem Hammer festgelegt ist. Um ein einseitiges Abnutzen zu vermeiden, wird der Griff während des Klopfens bei jedem Hieb etwas weiter gedreht. Die Form ist bei der Handführung schonender, da sich die Schlagfläche in einer Achse zum Handgelenk befindet. Dabei wird mit dem unterem Drittel des Kopfes angeschlagen. Das hölzerne Werkzeug wird in Verbindung mit den verschiedenen Meißeln bei Weichgestein verwendet und verhindert das Abprallen des Werkzeuges von der Steinoberfläche.

Der **Krönel** dient zur Bearbeitung weicher Sandsteinoberflächen. Es lassen sich damit Unebenheiten ausschlagen und interessante Oberflächen herstellen. Vermutlich liegt der Ursprung des Krönel in Oberschwaben, etwa um die Mitte des 17. Jahrhunderts. In der als „Flasche" bezeichneten Öse werden 10-15 beidseitig angespitzte Eisenstäbe eingesetzt und verkeilt. Wird das Werkzeug auf die Steinoberfläche aufgeschlagen, entsteht eine gepunktete Oberfläche. In Sachsen ist es üblich, jede zweite Zacke zurückzusetzen, so dass die Oberfläche ein anderes Muster erhält. Diese Tätigkeit wird „rasaunern" genannt. Auch gibt es unterschiedlich geformte Spitzen. Wegen seiner Schwere von etwa 2 kg wird der Krönel mit beiden Händen geführt.

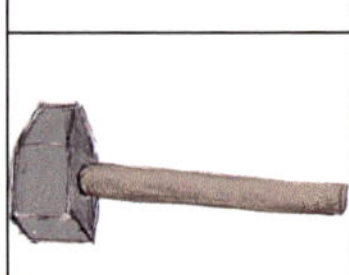

Der **Bossierhammer** wiegt etwa 2 - 3 kg. Die breite Seite ist hilfreich beim groben Zurechtschlagen (bossieren) unregelmäßiger Steine. Die spitze Seite wird Finne genannt – sie ist längsgerichtet (also genau anders herum als es beim üblichen Hammer der Fall ist). Die Finne wird zum Spalten kleinerer Steine verwendet. Der Hammer wird mit beiden Händen geführt, was einige Übung erfordert.

	**Fäustel, auch Schlegel** genannt, ist ein Hammer mit kurzem, ca. 20 cm langem Stiel. Der etwa 1,5 kg schwere Kopf hat zwei ebene Flächen und erinnert durch seine Form an eine Faust. Er dient als Schlagwerkzeug für die meisten Stahlmeißel. Eine Besonderheit ist der Schriftfäustel, er wiegt nur 350 bis 750 g und dient zum Einschlagen von filigranen Schriften wie z.B. dem Steinmetzzeichen.
	Der **Stockhammer** kam Mitte des 19. Jahrhunderts auf und war ursprünglich zur grobkörnigen Oberflächenvorbereitung und zur anschließenden Weiterverarbeitung von Hartgestein gedacht. Leider wurde das Werkzeug bis ins 20. Jahrhundert auch bei Restaurierungsarbeiten zur raschen Überarbeitung von Kalk- und Sandsteinquadern verwendet. Es hinterlässt im Weichgestein ein Waffelmuster, das die historischen Bearbeitungsspuren entfernt.
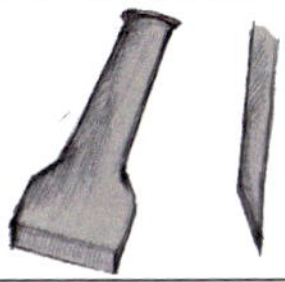	**Setzer, Preller, Stemmer, Sprengeisen, Prelleisen** sind viele Namen für ein und dasselbe Werkzeug. Das hat auch seinen Grund, denn es gehört heute zu dem wichtigsten Werkzeug der Natursteinbearbeitung. Mit nur einer abgeschrägten Schneide lassen sich glatte Flächen schlagen und schmale Platten spalten.

5.1.2 Historisches Handwerkzeug und seine Spuren

5.1.3 oben links
Mit dem Spitzeisen bearbeiteten Flächen sind typisch für alte Mauern.

5.1.4 oben rechts
An diesen Scharrierungen lässt sich die Breite des Werkzeugeisens erkennen.

5.1.5 unten links
Gekrönelte Oberflächen sind selten, da sie ein spezielles Werkzeug erfordern.

5.1.6 unten rechts
Die waffelförmigen Abdrücke sind Spuren des Stockhammers mit dem alte Oberflächen überarbeitet werden.

und schreckt man sie anschließend mit Wasser ab, wird das Metall spröde.

Seit dem Klassizismus und besonders mit Beginn des 20. Jahrhunderts änderten sich die Bearbeitungsmethoden durch die industrielle Massenfertigung. Steinsägen, Maschinenhobel und verschiedene Schleifverfahren machten es leichter, den Steinen eine glatte und polierte Oberfläche zu geben, eine, wie der Steinmetz sagt, seelenlose Glätte. Aber gerade, weil die Bearbeitungsspuren Altersdatierungen ermöglichen, sind diese Spuren besonders wichtig und erhaltenswert (siehe Abb. 5.1.3 bis 5.1.6). Bei Restaurierungen alter Trockenmauern ist deshalb eine Überarbeitung der Oberflächen mit historisch unpassender Technik zu vermeiden. In der modernen Denkmalpflege wird heute darauf geachtet, die alten Oberflächen zu bewahren und technisch zu konservieren.

5.2 Techniken der Steinbearbeitung

Zum Ver- und Bearbeiten von Natursteinen gibt es einige Handwerkerregeln, die auch für den privaten Trockenmauerbau nützlich sind.

5.1.7.
Der Stein wird mit Stahlkeilen und Passplatten geteilt.

5.1.8
Der auf einem Kantholz aufgebänkte Stein wird mit Hartholzkeilen auseinander getrieben.

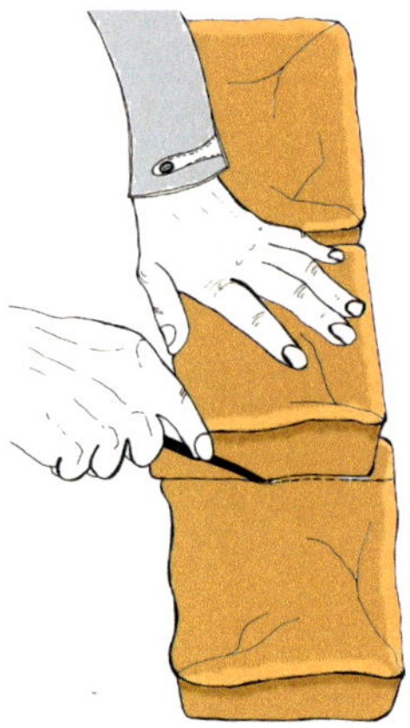

5.1.9
Kleinere Steine können direkt auf der Mauer angepasst werden. Dazu wird der Stein unter den benachbarten geschoben und eine Markierung geritzt...

5.1.10
... und entlang der Markierung eine Nut eingeschlagen.

5.1.11
Der Stein wird nun über das Kantholz geschoben. Mit kurzen, kräftigen Schlägen in die Nut zerbricht der Stein entlang der Linie.

Steine teilen

Das Teilen eines Steines entlang einer Lagerschicht, „schroten“ genannt, ist relativ leicht. Die Maserung ist allerdings nicht immer erkennbar, das ist beispielsweise bei Granit der Fall. Bei der Bearbeitung kann man allerdings ein Gefühl dafür entwickeln. Wird die Maserung erkannt, schlägt man mit dem Schlageisen in diese Richtung eine Nut („Schrot“). Der Schrot verhindert unkontrolliertes Spalten. Innerhalb des Schrotes werden im Abstand von 10 bis 15 cm Löcher eingemeißelt. Anschließend setzt man den Stein auf ein Kantholz auf („aufbänken“). Nun gibt es zwei Möglichkeiten: in der zeitsparenden Variante werden so lange Stahlkeile eingetrieben, bis der Stein reißt. Die Stahlkeile dürfen dabei mit den Spitzen nicht aufsitzen, denn sie sollen den Stein auseinander treiben. Aufsitzende Stahlkeile sind am Klang zu erkennen, sie „singen“ nicht mehr. Die zweite, kraftsparende Variante besteht darin, Hartholzkeile einzutreiben. Wird reichlich Wasser zugesetzt, kann man gemütlich zum Mittagessen gehen. Das quellende Holz wird den Stein anschließend auseinander drücken.

Schwere Steine bewegen

Am besten lassen sich schwere Steine mit einer Sackkarre oder Schubkarre bewegen, auf die sie gerollt werden. Ist dies nicht möglich, hilft folgende Methode (Abb. 5.1.12): Der Stein wird mit einem Stemmeisen an-

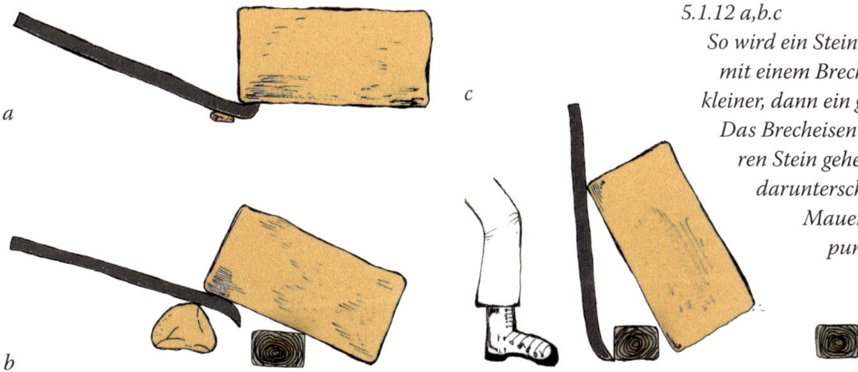

5.1.12 a,b.c
So wird ein Stein bewegt: Zunächst wird er mit einem Brecheisen angehoben, und ein kleiner, dann ein größerer Stein untergelegt. Das Brecheisen wird nun über den größeren Stein gehebelt, bis sich ein Kantholz darunterschieben lässt. Nun wird der Mauerstein über seinen Schwerpunkt gehebelt. Jetzt dürfte er sich leicht aufstellen lassen und wird gleich über das nächste Kantholz gekippt.

gehoben. In den entstehenden Spalt wird ein weiterer Stein geschoben. So kann er Stück für Stück in Schräglage gebracht werden. Dann lässt er sich leicht über den Schwerpunkt kippen. Bevor er überschlägt, legt man noch einen zweiten Stein oder Holzpfosten dahinter. Darüber fällt er in die nächste Schräglage. Mit etwas Übung geht das ganz rasch.

Steine fluchten (ausrichten)

Auf der Mauer werden die Steine mit dem Stemmeisen verschoben (rucken) oder durch Untersetzen gezogen (zwicken). Mit einem aufgesetzten Kantholz und einem Vorschlaghammer wird die Flucht beigeklopft. Um die Mauer in ihrer Länge gerade zu halten, sind ein Schnurgerüst und eine Wasserwaage sehr hilfreich.

Ebene Steinflächen herstellen

Der Randschlag ist die wichtigste Orientierungshilfe bei der Bearbeitung bruchrauer Oberflächen von Steinquadern. Dazu wird zunächst an den vier Außenkanten eine Linie eingeritzt, an der eine etwa 1,5 cm breite Bahn in das Gestein geschlagen wird. Anschließend kann die Fläche eingeebnet werden (Abb. 5.1.13).

5.1.13
So wird eine ebene Steinfläche.hergestellt: Mit einem spitzen Eisen eine Linie in den Stein ritzen (a), entlang dieser Linie den Randschlag einmeißeln (b) und das überstehende Steinmaterial bis zur Höhe des Randschlages abspitzen (c).

5.3 Grundregeln des Mauerbaues

Die folgenden Grundregeln für die Verarbeitung von Natursteinen beruhen auf Erfahrungswerten, die sich jedoch nicht immer alle auf das reale Bauobjekt übertragen lassen. Oft gilt es abzuwägen, ob das vorhandene Material ausreicht, ob es wichtig ist, regelgenau zu arbeiten, oder ob Kompromisse denkbar sind. Ein kleiner Höhenunterschied in der Gartenmauer, die ungenau errichtet wurde, ist sicherlich gefahrloser als eine falsch gesetzte Hangbefestigung im öffentlichen Verkehrsraum. Einstürze und Mauerabbrüche können zu lebensgefährlichen Unfällen führen. Es handelt sich im Folgenden um überlieferte Handwerkerregeln, die aus traditionellen Erfahrungen zusammengetragen wurden und nicht oder nur teilweise in den DIN-Normen des Trocken- und Natursteinmauerbaus erfasst sind:

- Nur „gesunde" Steine verwenden, die weder verwittert noch gerissen sind und möglichst zwei Lagerflächen aufweisen.
- Nur saubere Steine benutzen. Anhaftende Erde wird später vom Regen ausgewaschen, so dass Hohlräume und Setzungen entstehen.
- Die Oberfläche neuer Mauerwerksteile bei der Instandsetzung dem bestehenden Mauergefüge anpassen.
- Geschichtete Sedimentgesteine bzw. Gesteine mit schiefriger Struktur senkrecht zur Kraftrichtung verlegen.
- Die Steine immer mit leichtem Gefälle zur Hangseite setzen.
- An der Vorder- und Rückfläche nirgends mehr als drei Fugen zusammenstoßen lassen, damit keine Kreuzfugen entstehen (Abb. 5.1.14).
- Keine Stoßfuge durch mehr als zwei Schichten (Abb. 5.1.15).

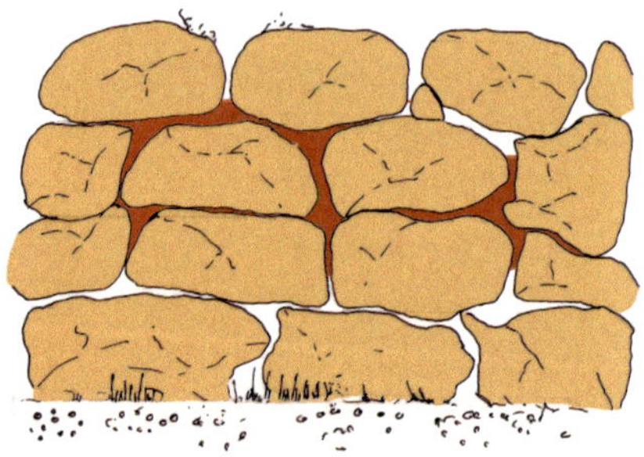

5.1.14 Kreuzfuge: so sollte nicht gemauert werden.

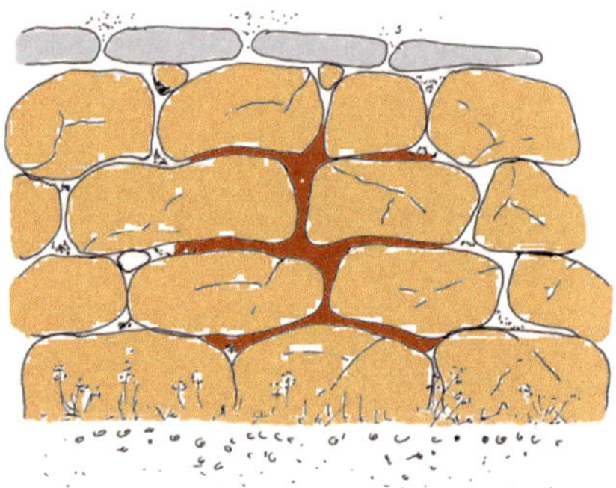

5.1.15 Fehler: Stoßfuge über mehrere Steinschichten.

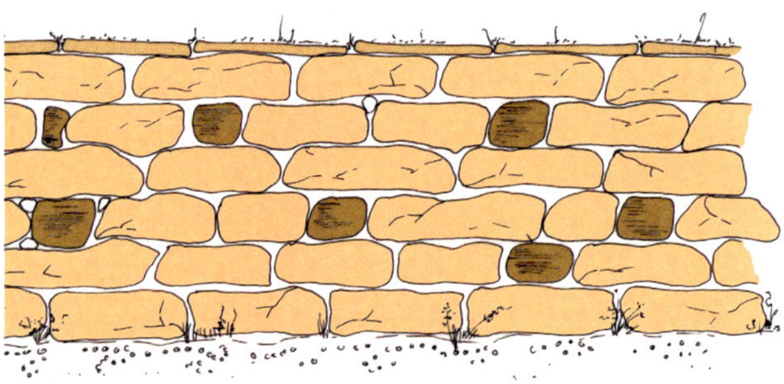

5.1.16 Läufer und Binder

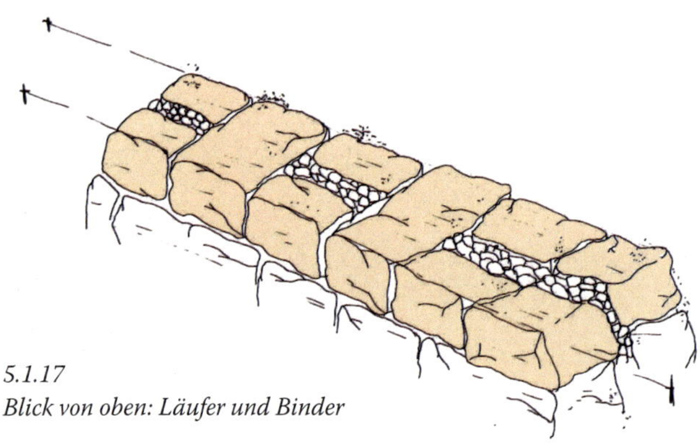

5.1.17 Blick von oben: Läufer und Binder

- Auf übereinander liegenden Läuferschichten eine Binderschicht anordnen oder Binder- und Läuferschicht abwechseln lassen.
- Den Abstand der Binder nicht größer als 1 m wählen und von Schicht zu Schicht versetzt anordnen (Abb. 5.1.16, 5.1.17).
- Die Bindertiefe einer Stützmauer sollte etwa das 1½ fache der Schichthöhe betragen, mindestens aber 30 cm.
- Die Tiefe der Läufer etwa gleich groß wie die Schichthöhe wählen.
- Die Überdeckung der Stoßfugen bei Quadermauerwerk muss mindestens 15 cm betragen, die Überdeckung der Stoßfugen bei Schichtenmauerwerk mindestens 10 cm.
- Die Breite des Mauerfußes einer freistehenden Mauer sollte mindestens ⅓ bis ½ der Höhe der Mauer betragen (Abb. 5.1.18).
- An den Köpfen (Ecken) die größten Steine einbauen, ggf. in Höhe von zwei Schichten (Abb. 5.1.19).
- Bruchsteine so aneinander fügen, dass möglichst enge Fugen und kleine Hohlräume verbleiben (Abb. 5.1.20).
- Bereits während des Mauerns jede Schicht mit kleinen Steinen verspannen, die Steine dürfen nicht kippeln.
- Mauersteine immer auflegen, durch Werfen oder Kippen können die darunterliegenden Steine wieder gelockert werden.
- Steine nicht hochkant verlegen, denn diese tragen sich nicht selbst, sondern werden von den benachbarten Steinen gestützt.
- Hangmauern, die wasserführende Schichten anschneiden, sind mit einer Drainageleitung am Hangfuß zu versehen.

Es ist nicht schlimm, wenn die Fugen nicht gerade sind und die Steine nicht gleichmäßig aussehen. Die kleinen Hohlräume können Tiere als Versteck oder Überwinterungsquartier nutzen. Bei der Bearbeitung von Steinen ist es möglich, dass scharfkantige Splitter ausbrechen, die zu Verletzungen führen. Es ist deshalb für einen ausreichenden Körperschutz zu sorgen. Dazu gehören unbedingt Handschuhe, Schutzbrille und festes Schuhwerk!

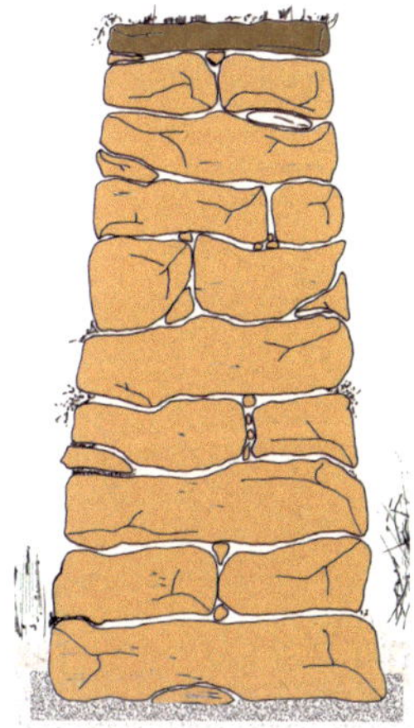

5.1.18
Freistehende Mauer, das Verhältnis von Höhe zu Breite sollte 2:1 oder 3:1 betragen.

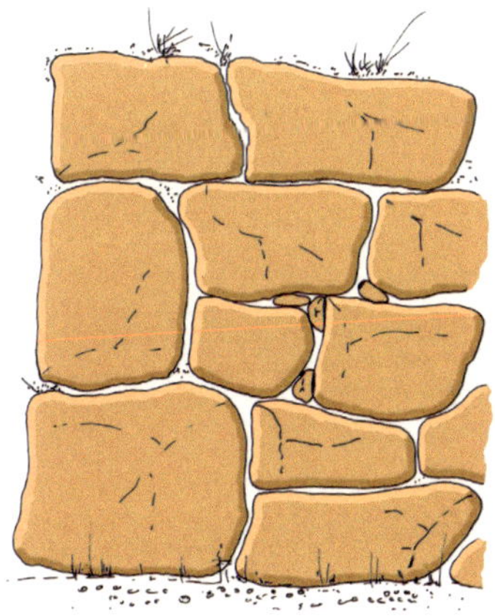

5.1.19
Ausbildung eines Mauerkopfes / einer Mauerecke

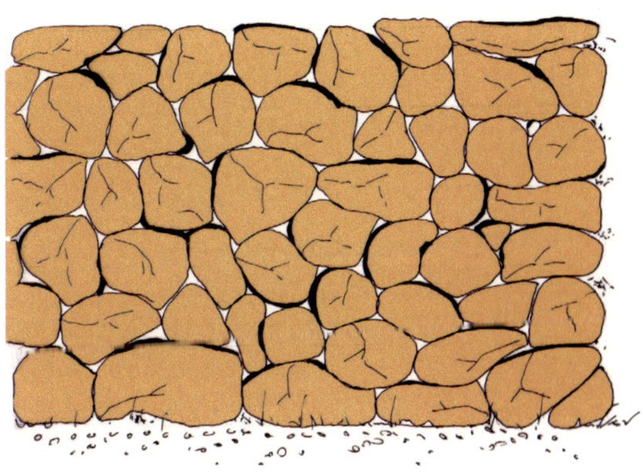

5.1.20 Eine Bruchsteinmauer sollte möglichst kleine Fugen haben.

5.4 Sicherheit und Statik

Nach den Regeln der Bautechnik dürfen Trockenmauerwerke nicht für belastete Bauteile verwendet werden. Der Grund ist einleuchtend, denn die Haltbarkeit hängt von vielen, schlecht kalkulierbaren Faktoren ab, nicht zuletzt vom handwerklichen Geschick des Maurers. Dass es dennoch möglich ist, ein Haus auf eine Trockenmauer zu setzen, zeigt das Beispiel auf Seite 18. Dieses Haus ist etwa 160 Jahre alt und steht auf 2 m hohen, trocken gesetzten Grundmauern.

Zur Aufnahme des Erddruckes in hangigem Gelände dürfen so genannte Schwergewichtsstützmauern gebaut werden (siehe Abb. 6.1.1, Seite 55). Solche Trockenmauern sind als Böschungsmauern in Gärten und an Weinhängen gebräuchlich. Sie stützen den Hang allein durch ihr Eigengewicht. Durch Neigung gegen den Hang kann die Stützkraft sogar noch erhöht werden. Dies zu berechnen ist allerdings für den Laien sehr schwer. Dazu werden Kenntnisse des Baugrundes und der anzunehmenden Kräfte benötigt. Doch selbst eine kleine freistehende Mauer kann durch äußere Einflüsse ihre Standfestigkeit verlieren. Deshalb ist es empfehlenswert, mittels Überschlagsrechnung die Standsicherheit zu überprüfen. Bei größeren Trockenmauern muss die Standsicherheit ohnehin von einem Bausachverständigen nachgewiesen werden. In den einzelnen Landesbauordnungen existieren dazu unterschiedliche Festlegungen. Die Genehmigungspflicht beginnt bei Mauern mit einer Höhe zwischen 1,50 (Brandenburg) und 2 m (Berlin); aufgrund örtlicher Bauvorschriften kann es Abweichungen geben. Die folgenden Angaben sind deshalb nur als Hilfe für eine Überschlagsrechnung anzusehen. Üblich ist die Ermittlung folgender Nachweise:

Sicherheit gegen Kippen

Wird eine Mauer aus dem Gleichgewicht gebracht, kippt sie um. Die Kräfte F_E, die dafür verantwortlich sind, können z. B. durch Winddruck und Schneemassen oder durch drückende Erdmassen entstehen. Der Nachweis bei Trockenmauern wird

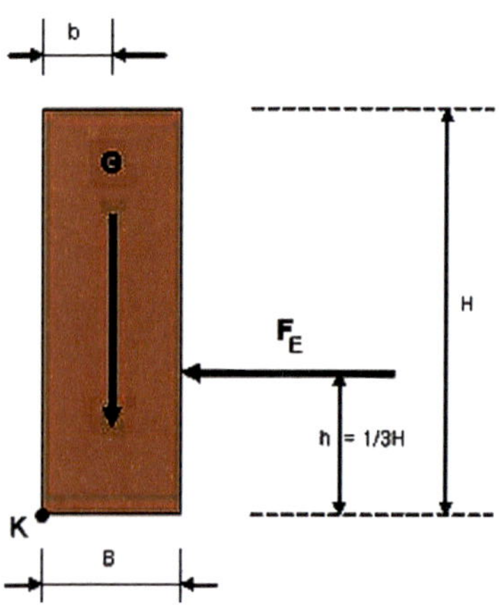

Sicherheit gegen Kippen

S = Standmoment / Kippmoment =

$= (G \cdot b) / (F_E \cdot {}^1/_3\, H) \geq 3$ *mit*

S	Sicherheit
G	Eigenlast der Mauer je Meter Länge in kN
F_E	Einwirkung, Kraft in kN
B	Breite am Mauerfuß in m
b	½ breite Mauerkrone in m
H	Höhe der Mauer in m
h	$= ½\, H$ bei Windlast $= ⅓\, H$ bei Erddruck
K	Kippachse

über das Verhältnis Standmoment zu Kippmoment bei einer 3-fachen Sicherheit erbracht.

Wir überprüfen unsere 1 m hohe Granitbruchsteinmauer aus Kap. 2.4. Wir haben einen rechteckigen Querschnitt gewählt, weil er statisch die ungünstigeren Werte liefert. Wird die Mauer oben verjüngt und unten verbreitert, gelten die nachfolgenden Berechnungen sinngemäß.

Zunächst berechnen wir die Eigenlast *G*. Da wir die Einheit in kN benötigen, müssen wir mit $g = 9{,}81 m/s^2$ (also rund 10) multiplizieren.

$G = 1.580$ kg/m · 10 m/s²
$G = 15.800$ N/m = **15,8 kN/m**

Nun benötigen wir noch den Erddruck der dahinter liegenden Erdmassen. Für unseren Gartenboden nehmen wir eine realistische Kraft von 3,3 kN/m an.

Der Nachweis sieht dann so aus: S = = (15,8 kN · 0,325 m)/(3,3 kN · 0,33 m) = 4,7 > 3

Der Nachweis der Kippsicherheit ist erbracht, da das Standmoment mehr als 3 mal größer ist als das Kippmoment.

Sicherheit gegen Gleiten

Der Nachweis wird bei Böschungsmauern angewandt. Gemeint ist das „Wegschieben" der Mauer durch den Erddruck der Böschung. Die zu überwindende Reibungskraft errechnet sich aus der Eigenlast *G* der Mauer und dem Reibungsbeiwert μ. Die Gleitsicherheit muss das 1,5-fache des Verhältnisses der Reibungskraft zur Verschiebekraft F_E erreichen.

Genaue Tabellenwerte für den materialabhängigen Reibungsbeiwert finden sich in der Fachliteratur, z.B.:

- Friedrich: Tabellenbuch Bautechnik
- Wendehorst: Bautechn. Zahlentafeln
- Lohmeyer: Baustatik
- Bochmann: Statik im Bauwesen
- Spitzer: Statik im Bauwesen

sowie vielen anderen Tafelwerken.

In der Regel werden wir unsere Beispielmauer auf eine horizontal ausgeschachtete Fundamentsohle ($\alpha = 0°$) setzen. Besteht diese aus bindigem Lehmboden ($\mu = 0{,}5$), dann sieht der Nachweis so aus:

S = (15,8 kN · 0,5 · cos 0°) / 3,3 kN =
= 2,4 > 1,5

Unsere Mauer wird also nicht weggedrückt, weil die Sicherheit über der geforderten Mindestsicherheit liegt.

Sicherheit des Baugrundes

Geprüft wird, ob der Baugrund die vorhandene Last aufnehmen kann. Dazu ist die genaue Kenntnis des Baugrundes notwendig. Die zulässige mittlere Bodenpressung σ_{zul} wird in kN/m² angegeben und darf nicht überschritten werden. Für eine vereinfachte Überschlagsrechnung können für σ_{zul} = 100 bis 200 kN/m² angenommen werden, wenn es sich um nichtbindigen und schwachfeinkörnigen

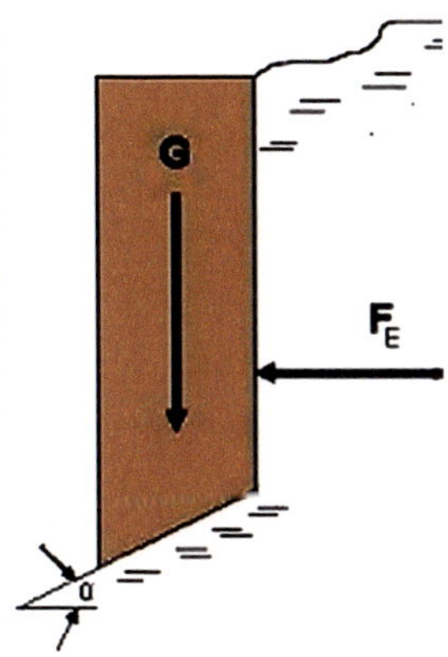

Sicherheit gegen Gleiten

S = Reibungskraft/Schubkraft

$S = (G \cdot \mu \cdot \cos \alpha) / F_E \geq 1{,}5$

mit

S Sicherheit
G Eigenlast der Mauer je m Länge in kN
μ Reibungsbeiwert
α Geländegefälle
F_E einwirkende Schubkraft des Erdreichs in kN
H Höhe in m

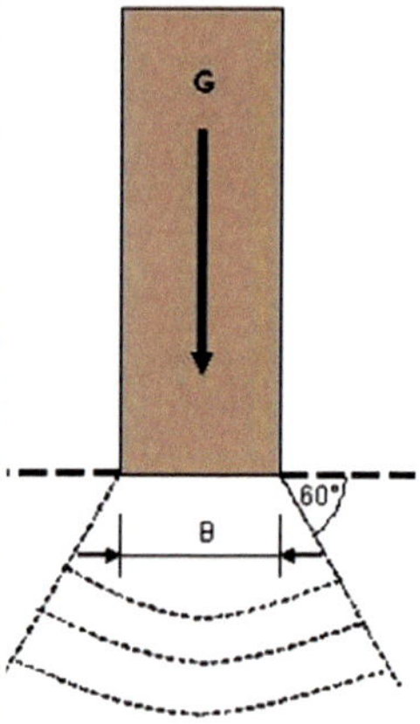

Sicherheit des Baugrundes

$$\frac{\text{vorhandene Bodenpressung}}{\text{zulässige Bodenpressung}} \leq 1$$

$$\sigma_{vorh.} / \sigma_{zul.} = (G/B) / \sigma_{zul.} \leq 1$$

G Eigenlast der Mauer je Meter Länge in kN

B Breite am Mauerfuß in m

σ_{vorh} vorhand. Bodenpressung in kN/m^2

σ_{zul} Zulässige Bodenpressung in kN/m^2 (Tabellenwert)

Boden handelt. Bei bindigen Böden kann die zulässige, mittlere Bodenpressung erhöht werden. Genauere, zur Berechnung notwendige Tabellenwerte stehen in o.g. Fachliteratur. Für unsere Beispielmauer ist der Nachweis schnell erbracht:

$$15{,}8\ kN/m^2 / (100\ kN/m^2 \cdot 0{,}65\ m) = \\ = 0{,}24 < 1$$

Die zulässige Bodenpressung wird also nicht überschritten. Der Untergrund wird durch unsere Mauer nur zu 24% seiner Tragfähigkeit belastet.

5.5 Fundament

Traditionell werden Trockenmauern ohne Fundament errichtet. Bewegungen, die durch Frosteinwirkungen entstehen können, werden von der Mauer unbeschadet aufgenommen. Deshalb kann direkt auf dem natürlichen Boden aufgebaut werden. Der Boden wird jedoch von lockeren und humosen Bestandteilen befreit. Der Abtrag erfolgt bis zum gewachsenen, also von Natur aus dichten Boden, in der Regel sind das 30 - 40 cm. Soll frostfrei gegründet werden, so wird bis etwa 80 cm tief unter die Geländeoberfläche ausgeschachtet. Der Untergrund muss gut verdichtet sein. Natürlich gewachsener Boden ist meist sehr fest und benötigt keine weitere Bearbeitung. Bewährt hat sich eine 10 – 15 cm dicke Sohle aus Kies und Schotter. Beide Steinuntergründe eignen sich gut als kapillarbrechende Schicht und lassen sich durch Abrammen und Wässern gut verdichten (siehe Seite 43). Auf diese Sohle bettet man die Steine. In der untersten Schicht werden große Steine gesetzt. Flache Steine eignen sich weniger, da sie unter der Last zerbrechen könnten. Die mächtigsten Steine werden im Bereich der Mauerköpfe gelegt. Die Fundamentbreite soll mindestens so breit wie die Mauer sein.

Wer für die Nachwelt etwas ganz besonders Wertvolles schaffen möchte, der sollte die „Grundsteinlegung" nicht vergessen. Dazu wird, am besten in einem kleinen feierlichen Rahmen, eine Flasche oder ein Edelmetallkästchen mit Zeitzeugnissen befüllt. Das

Ein Fundament rechtwinklig bauen

Wer schon mal versucht hat, mit einem Winkelmesser aus dem Büro einen rechten Winkel im Gelände zu markieren, wird recht schnell merken, dass dies bei größeren Strecken sehr umständlich ist. Und nicht jeder kann sich einen teuren Theodolit zulegen, geschweige denn, damit umgehen. Es geht aber einfacher. Dazu wird eine 12 m lange Schnur benötigt. Bei genau 3 m und 4 m wird ein Knoten gesetzt. Dadurch wird die Schnur in drei Strecken geteilt, 3 m, 4 m und 5 m. Wird nun diese Schnur auf dem Boden zu einem Dreieck gespannt, entsteht am 3 m Knoten ein rechter Winkel, am 4 m Knoten ein 35° Winkel und die beiden Schnurenden bilden einen Winkel von 55°.

kann eine Tageszeitung sein, aber auch ein handgeschriebener Brief, Fotos, Münzen oder gar ein USB-Stick. Das Ganze wird dann gut verschlossen unter einem großen Fundamentstein vergraben. Die übernächste Generation wird es zu schätzen wissen.

Den Untergrund der Mauer verdichten

Für die Stabilität ist ein gut verdichteter Untergrund wichtig. Jeder Boden ist im Grunde eine Anhäufung fester Einzelkörper und winziger Hohlräume, wobei die Hohlräume mit Wasser oder Luft gefüllt sein können. Beim Verdichten, werden diese Hohlräume reduziert. Kleine Körner wandern in die Hohlräume. Nichtbindige Böden, wie z.B. Sand, Kies und Splitt sind sehr wasserdurchlässig und dadurch wenig frostempfindlich. Sie lassen sich gut verdichten und werden dadurch sehr fest. Bindige Böden, wie z.B. Ton, Lehm und Schluff dagegen sind sehr fest und weisen wenige Hohlräume auf. Bei feuchter Witterung quillt der Boden auf und wird weich. Er verliert seine Tragfähigkeit. Solche Böden zu verdichten macht nur Sinn, wenn das Wasser an die Oberfläche kommt und verdunsten kann. Die meisten Böden bestehen aber aus einem Gemisch beider Bodenarten.

Das Verfestigen des Bodens geschieht durch Abrammen. Maschinell werden dazu heute die „Vibrationsplatte“ (Abb. 5.5.3) oder der „Rüttelstampfer“ (Abb. 5.5.4) benutzt. Mit der schweren Vibrationsplatte gelingt es, den Boden bis etwa 70 cm Tiefe zu verdichten, mit dem leichteren, aber handlicheren Rüttelstampfer nur 30 cm. Früher wurden dazu Handstampfer verwendet. Das war eine körperlich schwere Arbeit. Leichter, jedoch langwieriger ist das so genannte Wässern. Dabei wird die Fundamentsole mehrfach mit Wasser gefüllt (Abb. 5.5.2). Das versickernde Wasser schwemmt kleinste Partikel in die Hohlräume und verdichtet dadurch den Boden. Das Wässern hat allerdings nur eine geringe Tiefenwirkung.

5.5.1 Einbringen von einer 10 -15 cm dicken Sohle aus Kies und Schotter

5.5.2 links Wässern zum Verdichten

5.5.3 links unten Maschinelles Verdichten (auch Abrammen genannt) des Bodens mit einer Vibrationsplatte

5.5.4 rechts unten Verdichten mit dem Rüttelstampfer

5.6 Drainage

Die Gefahr, dass natürliche Bodenfeuchte Schäden verursacht, ist bei Trockenmauern geringer als bei verfugtem Mauerwerk. Denn durch die offenen Fugen kann das Wasser durchsickern. Gefahr droht dagegen durch stauende Nässe, vor allem bei Mauern, die einen Hang stützen. Denn Wasser verringert die innere Reibung der Bodenschichten, so dass der Geländedruck auf die Mauer zunimmt. Das kann besonders dann der Fall sein, wenn gewachsener Boden abgegraben wird und dabei wasserführende Schichten angeschnitten werden. Dies ist nicht immer gleich erkennbar. Im Sommer sind solche Schichten zuweilen trocken und erst nach längeren Niederschlägen oder zur Schneeschmelze wasserführend. In diesen Fällen sind besondere Vorkehrungen zu treffen. In den unteren Steinreihen sollten im Abstand von etwa 1,5 m Sickerschlitze vorgesehen werden (Abb. 5.6.1), etwa 5 – 8 cm breit und 10 – 15 cm (eine Schichtenhöhe) hoch. Dahinter sind lose Aufschüttungen von kleineren und größeren Steinen (Schotter) einzubringen. Ist generell mit Grundwasser zu rechnen, wird diese Schotterfüllung längs der gesamten Mauer als Packlager eingebaut. Das Packlager besteht aus kleinen Füllsteinen, grobem Schotter und Kies. Auf keinen Fall dürfen Erde, Sand oder Lehm verwendet werden, dadurch würde die drainierende Funktion verloren gehen. Das Packlager wird mit dem Handstampfer leicht verdichtet, auch ein Fäustel eignet sich gut dafür. Splitt lässt sich mit einer Eisenstange in die Fugen stopfen. Ein maschinelles Verdichten mit der Rüttelplatte ist gefährlich, da die Mauersteine zu viel Druck nach außen bekommen und sich verschieben könnten.

Zweckmäßigerweise erfolgt das Einbringen des Packlagers zeitgleich mit dem Setzen der einzelnen Steinschichten. Bei Stütz- und Futtermauern (Seite 55) werden die Steine rechtwinklig zur Neigung eingebaut. Soll im Packlager ein Drainagerohr verlegt werden, müssen bereits die Sohle und alle aufbauenden Steine eine leichte Neigung gegen den Hang bekommen und das Drainagerohr in seiner Längsachse 1-2% Gefälle beibehalten. Gegen die Gefahr des Zusetzens wird meist zusätzlich ein Geotextil verlegt. In der Praxis hat sich aber gezeigt, dass das Rohr dennoch verstopfungsanfällig ist und unbedingt gespült werden muss. Drainagesysteme sind sehr kostenintensiv. Man bedenke,

5.6.1 Sickerschlitze von etwa 5 - 8 cm Breite und 10 -15 cm Höhe in den untersten Steinreihen verhindern Feuchtigkeitsstau.

dass ein solches Rohrsystem aus vielen Einzelteilen besteht, die passgenau zusammengefügt und später auch gewartet werden müssen. Wasser, welches vorher in einem Mauerabschnitt von vielen Metern verteilt anfällt, wird durch die Drainage an einer Stelle heraus geleitet. Wohin damit? Das Einleiten in die öffentliche Kanalisation ist oft nicht gestattet oder kostet zusätzliche Einleitungsgebühren. Daher ist der Kosten/Nutzen-Faktor sorgfältig abzuwägen. Bei kleineren Mauern im Garten ist es meist sinnvoller, die Mauer zu pflegen und anfallende Feuchtigkeit mit den natürlichen Möglichkeiten durch Versickern und Hindurchleiten am Mauerfuß sowie mit Bepflanzungen zu regulieren.

5.7 Mauerköpfe und Ecken

Sowohl für die Mauerköpfe wie auch für eine Mauerecke werden die größeren und schwereren Steine verwendet. Sie müssen die einseitig einwirkenden Druckkräfte aus der verspannten Mauer aufnehmen. Zweckmäßigerweise beginnt man, die Mauerköpfe und Ecken zuerst aufzubauen. Das muss nicht bis zur endgültigen Höhe erfolgen, sondern es reicht schon, wenn sie ein oder zwei Schichten höher sind als der Rest der Mauer. An diese wird die Richtschnur gesteckt, sie gibt die Orientierung für den Verlauf der Mauer (Abb. 5.7.1). Ecken und Köpfe maßhaltig in der Längsrichtung, in der Höhe und der vorgegebenen Neigung aufzubauen, ist nicht ganz einfach und kostet Zeit. Die Maßhaltigkeit muss während des

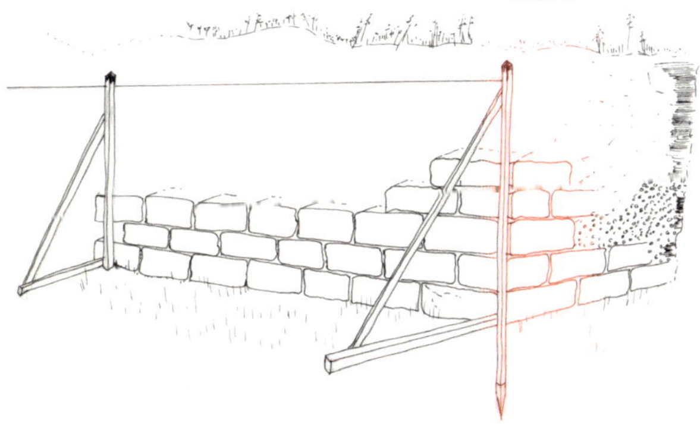

5.7.1 Schnurgerüst beim Bau einer Trockenmauer

5.7.2 links Stufe für Stufe endet dieser Mauerkopf

5.7.3 unten links Hier ist der Mauerkopf dem Geländeverlauf angepasst

5.7.4 unten rechts Abgerundeter ausladender Mauerkopf

5.7.5 rechts
Ein Mauerabschluss wie aus einem Lehrbuch ...

5.7.6 unten links
Der fachgerecht gesetzte Mauerkopf begrenzt eine fast polygonale Trockenmauer

5.7.7 unten rechts
Eckausbildung bei einer Brockenmauer

Steinesetzens immer wieder überprüft werden. Fehler an dieser Stelle wirken sich im Laufe der Arbeit auf die gesamte Mauer aus. Der Mauerverband hingegen ist verhältnismäßig einfach herzustellen. Die Ecksteine sollten mit der Mauer wechselseitig verzahnt ineinandergreifen. Dabei werden von Schicht zu Schicht die Läufersteine getauscht (Abb. 5.7.8 bis 5.7.9) und so eine Fugendeckung vermieden.

5.7.8 Prinzip Eckausbildung

5.7.9
Setzen einer Mauerecke

A und B:
Einfache Mauereckenausbildung – wechselseitige Verzahnung der Ecksteine

C und D:
doppelt ausgebildete Mauerecke – wechselseitige Verzahnung der Läufersteine in einer Schicht

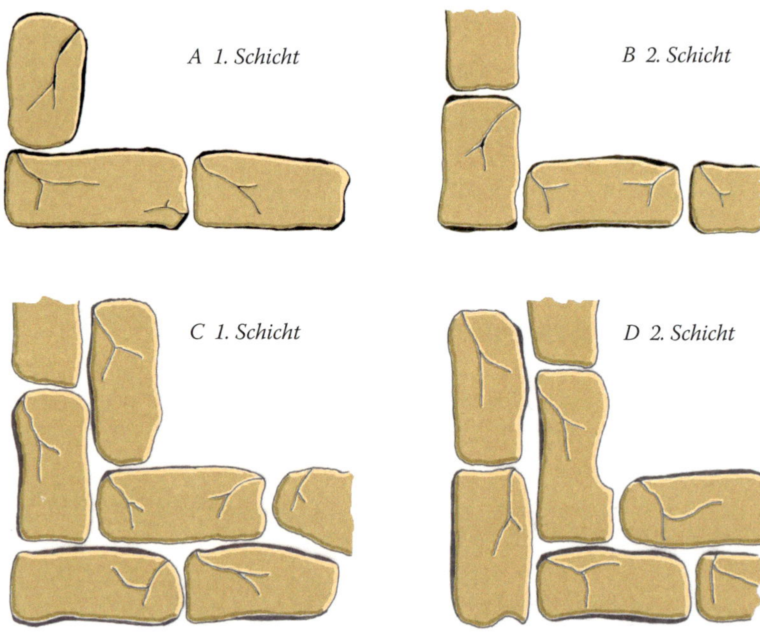

5.8 Mauerkrone

Die Gestaltung des oberen Abschlusses bestimmt nicht unwesentlich das Erscheinungsbild der Trockenmauer. Ist bei einer historischen Mauer eine zerklüftete und verwitterte Mauerkrone vielleicht passend, so wird bei einer Begrenzungsmauer zur Straße hin ein waagerechter Abschluss mit Steinplatten geeigneter sein. Im Garten wiederum darf sich die Mauerkrone gern unter einer üppigen Pflanzendecke verstecken.

Generell ist die Mauerkrone der empfindlichste Teil einer Trockenmauer, denn sie muss verschiedenen Anforderungen gerecht werden:

- Als Wetterschutz soll die Mauerkrone von oben eindringendes Wasser fern halten. Setzen sich die Mauerfugen mit Erde zu, werden diese im Winter bei Feuchtigkeit und Kälte auffrieren. Es entsteht ein enormer Eisdruck, der einzelne Steine aus der Lage herausdrücken kann. Dieser Vorgang lässt sich recht gut an Gartenmauern und Einfriedungen beobachten, bei denen Gartenerde für die Bepflanzung eingebracht wurde.
- Eine Mauer sollte einen in sich geschlossenen, statischen Verband bilden. Um dies zu erreichen, muss die obere Schicht den Zusammenhalt der Läufer und Binder unterstützen. Das wird durch schwere flächige Steine oder Steinplatten erreicht. Diese so genannten Decksteine gewährleisten durch ihr Eigengewicht einen guten Schutz und Zusammenhalt. Liegen die Steine über die gesamte Mauertiefe gut auf, lässt sich eine Reihe Binder einsparen.

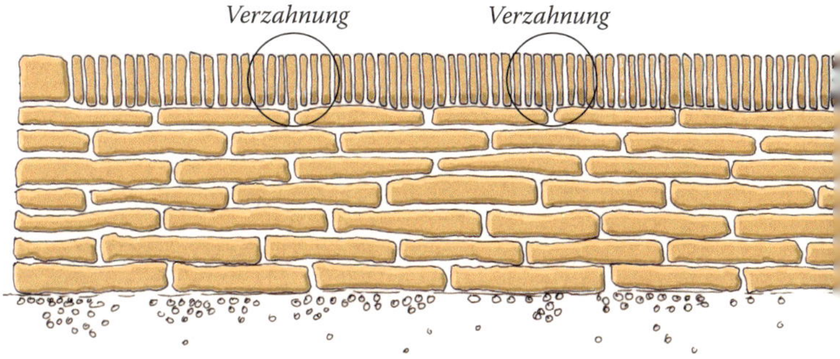

5.8.1 oben
Die Rollschicht besteht aus einer Reihe senkrecht aufgesetzter Steine, die nach etwa jedem Meter verzahnt werden.

5.8.2 Mitte links
Passt gut: Deckplatten aus Granit und Granitpflaster

5.8.3 unten links
Im Gegensatz zu den locker verlegten Steinen bilden hier die Deckplatten eine Linie

5.8.4 unten rechts
Mauerkrone aus Decksteinen mit Tropfkante zum Schutz vor Nässe

- Die mechanische Schutzfunkton der Mauerkrone wird oftmals zu wenig beachtet. Es können Schäden entstehen, weil Kinder und Erwachsene gern der Versuchung erliegen, eine Mauer zu übersteigen oder auf der Mauerlinie entlang zu balancieren. Lose und locker liegende Steine sind besonders gefährdet. Bei hohen Mauern besteht obendrein ein Gefahrenpotenzial durch herunterstürzende Teile.

5.8.5 oben rechts
Die Mauerkrone wird in ein paar Jahren vom Mauerpfeffer eingefasst sein.

5.8.6 rechts
Als Mauerkrone dienen hier historische Tränken aus Sandstein.

5.8.7 unten
Selten sieht man eine solch gelungene Mauerkrone, die wie ein Spitzdach das Regenwasser ableitet.

Wie die Mauerkrone aussehen soll, dafür gibt es keine Vorschriften. Je nach ästhetischem Empfinden, Verwendungszweck oder Tradition sind verschiedene Formen möglich. Erstaunlicherweise wird in manchen Regionen auch ganz auf die Ausbildung einer Mauerkrone verzichtet.

- Die einfachste Mauerkrone besteht nur aus einer Grasnarbe. Da das Wurzelgeflecht einen dichten Filz bildet, ist dies ein einfacher, jedoch haltbarer Wetterschutz. Bestes Beispiel ist die als Friesenwall bekannte Mauer (siehe Abb. 6.7.2, Seite 70).
- Eine traditionelle Mauerkrone besteht aus der so genannten Rollschicht. Das ist eine Reihe senkrechter oder schräg aufgesetzter Steine (Abb. 5.8.1). Dadurch wird an der Mauer eine deutliche Struktur sichtbar. Bei der Errichtung ist zu beachten, dass die Rollschicht nach unten zu verzahnen ist. Üblich ist, dass pro laufender Meter mindestens ein Stein in die darunter liegende Schicht eingebunden wird.
- Gebräuchlich sind Deckplatten und Decksteine. Während Deckplatten recht leicht wirken (Abb. 5.8.2, 5.8.3) prägen die bearbeiteten, quaderähnlichen Decksteine durch Form und Größe das Bild der Mauer und tragen durch ihr Eigengewicht auch zur Stabilität der Mauer bei (Abb. 5.8.4, 5.8.5).
- Aufwendig und schön ist die Mauerkrone in Form eines Satteldaches. Dazu werden viele kleine und größere Steine zu einer spitzen Dachform gesetzt (Abb. 5.8.7). Leider nimmt eine solche Krone bei Überklettern leicht Schaden.

Aus Sicherheitsgründen werden im öffentlichen Bereich die obersten Steine häufig mit Kalkmörtel oder Lehm befestigt. Der verwendete Mörtel muss in der Lage sein, den thermischen Einwirkungen ohne Rissbildung zu widerstehen und aufgenommene Feuchtigkeit schnell abzuführen. Das setzt voraus, dass die Mörtelfestigkeit geringer als die Steinfestigkeit ist. Erreicht wird das durch reinen hydraulischen Kalkmörtel. Zement darf nicht beigemengt werden! Historischer Mörtel enthält ebenfalls keinen Zement. Wer möchte, kann als Bindemittel auch Lehm einsetzen. Zwar ist dies nicht so stabil, bietet aber Pflanzenstauden und Pflanzkissen eine Nahrungsgrundlage. Diese wiederum halten mit ihrem Wurzelwerk die Steine fest und leiten das Wasser gut ab.

Nachdem die Steine auf die Mauerkrone gelegt sind, sollten sie gut gegeneinander verkeilt werden. Etwa ein Meter vor den Mauerköpfen dürfen keine Zwickelsteine eingeschlagen werden, weil dies sonst die Mauerköpfe auseinander treibt. Zum Abschluss empfiehlt es sich, einmal über die Mauer zu laufen. Klappern dabei einzelne Steine, sind diese nachzukeilen oder zu unterlegen.

5.9 Sanierung historischer Mauern

So eindrucksvoll und einfach die Technik des Trockenmauerbaus zunächst erscheint, so aufwändig ist jedoch ihre langfristige Unterhaltung. Früher, in Niedriglohnzeiten, war es üblich, die Trockenmauern zu pflegen und zu kontrollieren. Dabei schnitt man Durchwurzelungen heraus und setzte Steine wieder ein. Mauerkrone und Mauerfuß wurden alle 2 – 3 Jahre kontrolliert, auffällige Ausbuchtungen und Absackungen abgetragen und Steine neu aufgesetzt. Solche aufwendigen Handarbeiten sind jedoch in unserer Zeit bei den heutigen Stundenlöhnen kaum noch durchführbar. Gerade im Weinbau stehen diese kostenintensiven Pflegemaßnahmen in keinem Verhältnis zu den erwirtschaftbaren Erträgen. So kommt es, dass nach und nach die wichtigen Pflegearbeiten vernachlässigt oder von Naturschutzgruppen übernommen werden. Manche Mauern zeigen erst nach 100 Jahren kleine Schäden, andere schon nach wenigen Jahren.

5.9.1 links
Diese Stützmauer konnte dem Hangdruck nicht standhalten. Leider kommt das recht häufig vor.

5.9.2 rechts
So stark kann eine Mauer auseinander getrieben werden, wenn ein Baum von dieser stattlichen Größe auf ihr wächst.

5.9.3 rechts
Durch Hangdruck wölbt sich ein Teil dieser Trockenmauer hervor.

5.9.4 unten
Nicht „verzwickerte" Steine, wie hier zu sehen, werden im Laufe der Zeit sicherlich herausfallen.

5.9.5 oben
Hier stimmen die Proportionen nicht! Viel zu große Steine wechseln sich ab mit kleinen, fast losen Steinen, die gleich herauszufallen scheinen.

Als Gründe sind zu nennen:

- Deformationen als Folge von Hangdruck (Abb. 5.9.1),
- biologische Einwirkungen, wie Wurzeldruck von Bäumen und Sträuchern (Abb. 5.9.2),
- Ausbrechungen durch mangelnde Festigkeit einzelner Steine,
- Abgleiten als Folge von nicht funktionierender Drainage. Ein Durchfeuchten der Hinterfüllung mindert die innere Hangreibung, so dass der Erddruck ansteigt.
- Schäden und Zerstörungen durch Zivilisationseinflüsse, z.B. durch benachbarte Bautätigkeit, misslungene Sanierungen, Verkehrserschütterungen etc.

Umfeld

Vor der Instandsetzung einer Trockenmauer ist die Pflege des Umfeldes wichtig. Dazu gehört es, Bäume und Sträucher in unmittelbarer Nähe zu entfernen. Erhaltenswerte oder bedeutsame Baumbestände sind noch vor Beginn der Baumaßnahme mit einer Umbretterung vor Beschädigungen zu schützen. Die zu reparierende Mauer sollte vor dem ersten Eingriff fotografisch dokumentiert werden. Erst dann sind die am Mauerfuß liegenden Steinmassen abzutragen. Werden dabei archäologische Funde, wie Knochen, Scherben, Kerbzeichen aufgedeckt, müssen die Arbeiten unterbrochen und die archäologische Abteilung der Denkmalpflege benachrichtigt werden.

5.9.6 links
Fehler: Steine sollten nicht senkrecht eingebaut werden. Solche „Aufsteller" verringern die Stabilität.

Oberfläche

Manch alte Mauer hat über die Jahre ein grünes Kleid aus Moosen und Flechten erhalten. Diese sogenannte Patina ist wie eine lebende Rostschicht. Sie stellt sich meist da ein, wo wenig Sonne und viel Luftfeuchtigkeit vorhanden sind. Die Patina ist der Beweis für das Alter der Mauer und die biologische Vielfalt am Stein. Manche Menschen suchen gerade deswegen diese Steine aus. Für andere aber ist es ein Graus, sie bevorzugen frisch gebrochene Steinoberflächen. Doch nur selten bleiben diese so erhalten. Auch Verwitterungen und umweltbedingte Schmutzpartikel hinterlassen ihre Spuren. Zum Reinigen der Steine haben sich Hochdruckreiniger bewährt. Dabei wird mit einem extrem scharfen Wasserstrahl die Oberfläche vom Belag befreit. Gleichzeitig werden blättrige und zermürbte Steinoberflächen gelöst. Aber Vorsicht: Ein zu starker Strahl kann die Oberfläche auch zerstören. Hilfreich sind auch rotierende Düsen, mit Hilfe derer sich die Steinoberfläche sehr intensiv reinigen und die Fugen weitestgehend von Erdanhaftungen und Unkraut befreien lassen, sofern das gewünscht ist. Eine Nassreinigung sollte nicht in der Frostperiode erfolgen. Gut geeignet ist Regenwetter, da die Maueroberfläche dann bereits vom Regen aufgeweicht ist.

Fremdkörper

Nachträglich eingebaute Beton- und Mörtelergänzungen haben in einer Trockenmauer nichts zu suchen und sollten entfernt werden. Auch Fremdkörper wie Metallteile, alte Rohre, Haken und Ziegelsteinergänzungen gehören nicht in eine Trockenmauer. Manchmal sind Eisenklammern zu finden, welche die Steine miteinander verbinden sollen (Abb. 5.9.7). Durch Korrosion angerostetes Eisen kann sein Volumen bis etwa 15% erweitern. Dadurch werden die Steine regelrecht auseinandergesprengt. Neue Risse entstehen und die Steine verlieren ihren inneren Zusammenhalt.

Ein einzelner Stein kann folgendermaßen ausgewechselt werden:

Der fehlerhafte Stein ist von den umliegenden und vor allem den darüber liegenden Steinen zu entspannen. Dazu treibt man Hartholzkeile in die etwas entfernteren Fugen so weit ein, bis der fehlerhafte Stein entlastet wird. Nun wird der Stein entweder mit einer Brechstange oder einem Stemmeisen vorsichtig herausgedrückt oder mit einem Meißel zertrümmert. Die entstandene Lücke wird gereinigt und von Erde, Schmutz und losen Splittern befreit. Die Form des neuen Steines wird durch Zurechtschlagen der entstandenen Lücke angepasst. Zum Einpressen in den Hohlraum legt man ein Stück Hartholz auf und schiebt den Stein mit kräftigen Schlägen (mit Hilfe eines Fäustels) in das Mauerwerk ein. Sitzt der Stein dann passgenau im Mauerverbund, können die Hartholzkeile vorsichtig herausgelöst werden. Nun wird der feste Sitz noch-

5.9.7
Diese Eisenklammer bringt mehr Schaden als Nutzen. Statt den Stein zu halten, sprengt die Korrosion ihn auseinander.

mals überprüft, gegebenenfalls kann ein Nachspannen durch Eintreiben von Zwickelsteinen notwendig sein.

Auswölbungen

Auswölbungen an nur einer Stelle einer Hangmauer deuten darauf hin, dass die Hinterbauung nicht stimmig ist. Es gibt Hangmauern, die in ihrer ganzen Länge perfekt stehen, aber an einer Stelle eine Ausbauchung aufweisen (Abb. 5.9.3). Hier wirken Druckkräfte aus dem Hintergrund. Häufig entstehen solche Bewegungen durch dahinter liegenden Wasserstau, durch Frost und Erosion, seltener durch tektonische Bodenbewegungen.
Abhilfe schafft man an solchen Stellen folgendermaßen:

Die betreffende Stelle wird komplett ausgebaut. Die Steine werden bis zum Fundament und aus den rechts und links angrenzenden intakten Mauerstücken gelöst. Werden die Steine sortiert abgelegt, hilft das beim Wiederaufbau. Anschließend wird ein Teilstück des Hangmaterials abgetragen, bis gut verfestigter, natürlich gewachsener Boden erreicht wird. Wurzeln, Geröll, und lose liegende Teile müssen entfernt werden. Nach der Ursache der sich wölbenden Mauer sollte genau gesucht werden. Eventuell sind Drainagemaßnahmen erforderlich, um gestautes Wasser abzuleiten. Auch kann mittels Geotextil ein Durchwurzelungsschutz eingebracht werden. Nun wird das entfernte Mauerstück wieder aufgebaut und dahinter mit kleinen Steinen und Schotter dicht verfüllt, um eine gute Drainagewirkung zu erhalten.

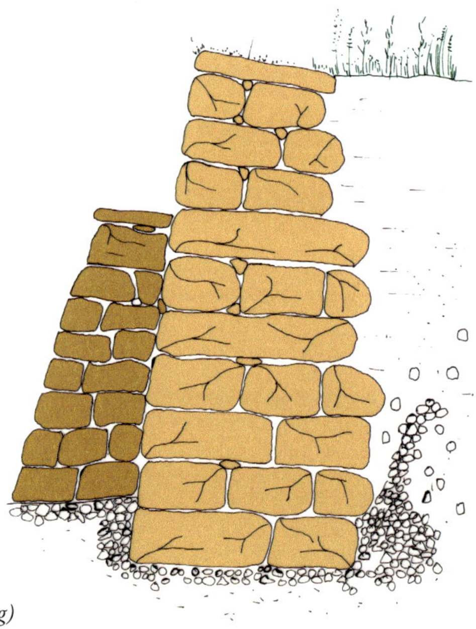

5.9.8 Strebepfeiler (Schnittzeichnung)

Strebepfeiler

Es kann vorkommen, dass Stützmauern an einer Stelle instabil werden, weil der Erddruck dort wesentlich größer ist als an der übrigen Mauer. Das kann der Fall sein, wenn über dieser Stelle im Hang höhere Aufschüttungen oder Felsmassen lagern oder wenn nachträgliche Aufbauten vorgenommen wurden. Hier kann ein Strebepfeiler in Form eines schwergewichtigen Mauerblocks helfen, der gegen das problematische Mauerstück geneigt wird. Die Strebe wirkt einerseits durch ihr Eigengewicht dem Erddruck entgegen, anderseits nimmt sie zusätzliche Druckkräfte aus dem Hang auf und leitet sie zuverlässig in den Untergrund ab (Abb. 5.9.5).

Abgraben

Wie kann eine schöne und attraktive Stützmauer aus Gründen des Denkmalschutzes erhalten bleiben, wenn sich ihr Umfeld stark ändert? Gesetzt den Fall, aus dem einstmals unscheinbaren Gehweg oberhalb einer Stützmauer soll ein Verkehrsweg entstehen, über den schwere Fahrzeuge rollen. Dann würde der Erddruck in einem Maß zunehmen, dass die ehrwürdige Stützmauer nicht mehr standhalten könnte. Hier gibt es die Möglichkeit, die Mauer durch Abgraben zu schützen. Dazu wird der Hang hinter der Mauer abgegraben und Stahlbeton L-Elemente eingebracht. Der Raum zwischen der neuen und der alten Mauer kann dann wieder verfüllt werden, so dass der technische Kunstgriff später kaum zu erkennen ist.

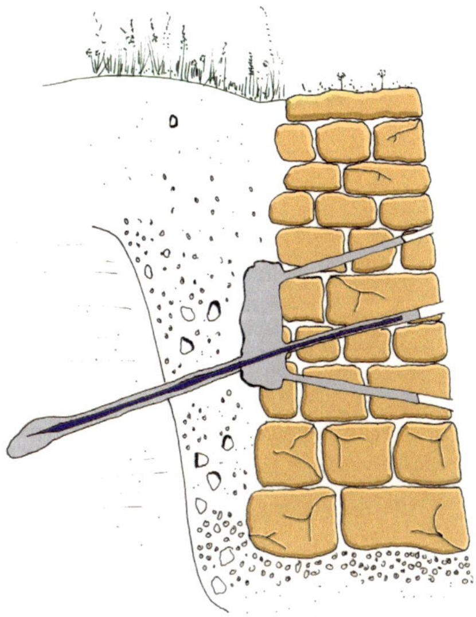

5.9.9 Erdvernagelung als Methode der Mauersanierung (Schnittzeichnung).

Erdvernagelung

Um den Druck des Erdreiches auf eine bestehende Stützmauer zu verringern, gibt es auch die Möglichkeit, sogenannte Lastverteilungsscheiben einzubringen. Dazu werden mindestens drei Löcher durch die Mauer gebohrt. Durch das mittlere Loch wird zunächst hinter der Mauer mittels Hochdruckrotationsdüsen ein Hohlraum geschaffen und dann durch dieses Loch ein Stahlbetonanker bis etwa 1,50 tief im Erdreich befestigt. Durch die beiden anderen Löcher wird danach eine Betonmasse gepresst, die sich mit dem Anker verfestigt, eine Scheibe bildet und nun den Erddruck aufnehmen kann (Abb. 5.9.9). Es können mehrere „Erdnägel" nebeneinander und übereinander angebracht werden. Diese Technologie ist zwar recht aufwendig und teuer, die Mauerfront bleibt jedoch im Originalzustand weitestgehend erhalten.

Hohlrauminjektion

Eine weitere Möglichkeit, alte Mauern vor dem Verfall zu retten, ist das Verpressen. Dabei wird durch Bohrkanäle und Öffnungen Mörtel in die Hohlräume der Mauer gepresst, der lose und brüchige Steine verkittet und die Mauer stabilisiert. Bei historischen Trockenmauern kann die Anwendung von Mörtel problematisch sein. Auch kann sich dieses Verfahren nachteilig auf die Entwässerung auswirken.

Neue Technologie für die Sanierung von Trockenmauern

Beispielgebend für eine Sanierung kann die Rekonstruktion des Weingutes Calmuth genannt werden. Hier gelang es engagierten Architekten, Geologen und Landschaftspflegern eine neue Sanierungsmethode zu entwickeln. Mit der inzwischen patentierten Sanierungsmethode, „SAL-Verfahren" (Schluff-Apoplyn-Lithopiesie) genannt, ist es möglich, großflächig herausgewölbte Mauerpartien hydraulisch in ihre ursprüngliche Lage zurückzusetzen. Das Verfahren ist umweltverträglich sowie zeitsparend und vermag den ursprünglichen Mauerverband zu stabilisieren. Die Kosten vermindern sich um erhebliche 60% im Vergleich zu herkömmlichen Sanierungen.

6 Trockenmauern im Einsatz

Im Folgenden werden Trockenmauern vorgestellt, wie sie häufig zu finden sind.

6.1 Mauern zur Hangbefestigung

Es gibt verschiedene Möglichkeiten, einen Hang mittels Trockenmauer zu sichern oder zu terrassieren. Dabei kommt es auf die Beschaffenheit des Erdbodens, die wasserführenden Schichten und die Funktion der Mauer an.

Die *Stützmauer* ist eine Schwergewichtsmauer. Sie drückt mit einem Teil ihres Eigengewichts gegen den Hang (Abb. 6.1.1). Eine solche Mauer soll verhindern, dass die dahinter liegenden Erdmassen abrutschen, bis der Hang den natürlichen Böschungswinkel erreicht hat, den die Erde ohne menschlichen Eingriff einnehmen würde. Der Druck, den die oben liegenden Erdmassen auf die Mauer ausüben, wird durch die Bindigkeit, (den inneren Zusammenhalt des Materials) und die Erdfeuchte bestimmt. Lose, bindige Stoffe wie Sand und Schotter sowie wasserführende Schichten üben einen sehr hohen Druck aus, der sich im Laufe der Zeit durch Verdichtungen und Eintragungen noch erhöhen kann.

Die erforderliche Standfestigkeit der Mauer richtet sich nach dem Druck der zu stützenden Erdmassen. Querschnitt und Neigung der Stützmauer sind ausreichend groß zu bemessen (siehe Kap. 5.4, S. 40 ff.). Liegen dagegen hinter der Mauer nicht bindige, standsichere Stoffe, die sich selber tragen, dann ist eine sogenannte *Futtermauer* (Abb. 6.1.2) ausreichend. Diese erfüllt mehrheitlich die Funktion einer Verblendung, die den Hang vor Witterungseinflüssen und äußeren mechanischen Kräften schützt. Der Querschnitt und die Neigung einer Futtermauer kann daher wesentlich geringer sein als bei einer Stützmauer.

Stark geneigte Stützmauern mit einem Neigungswinkel von mehr als 25° werden *Böschungsmauern* genannt. Diese benötigen wesentlich mehr Platz und der Raumgewinn in der ebenen Fläche wird geringer. Ästhetisch sind solche Mauern weniger

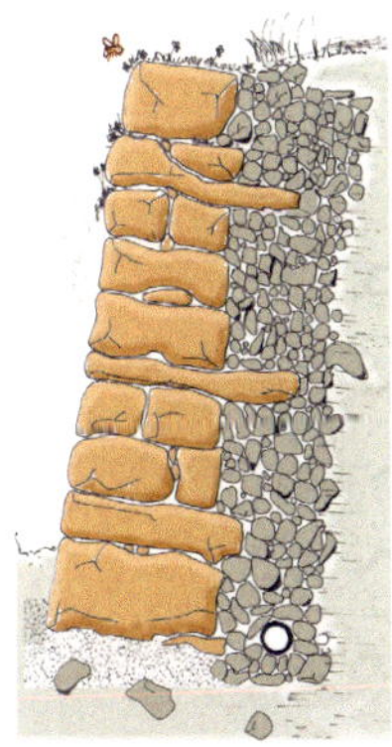

6.1.2
Futtermauer (Schemazeichnung), siehe auch Seite 12

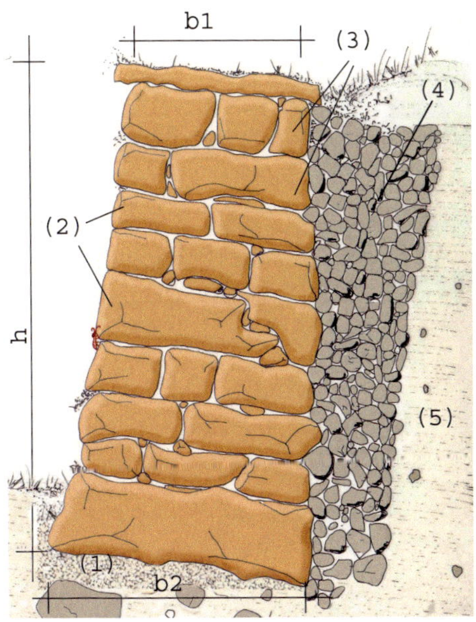

6.1.1
Stützmauer (Schemazeichnung)

6.1.4
Wermuth hat diese historischen Weinbergmauern nahe Dresden besiedelt und gibt ihnen einen ganz eigenen Charakter.

Anlauf – Anstieg - Dossierung – Gefälle - Neigung - Maueranzug			
Verhältnis Neigung zu Höhe h	Dossierung, Anlauf, Gefälle p in Prozent	Neigung, Anstieg [α] in Grad	Maueranzug, Abweichung [a] aus der Horizontalen pro m
1/10	10%	5,7°	10,0 cm
1/9		6,3°	11,1 cm
	12%	6,8°	12,0 cm
1/8		7,1°	12,5 cm
	14%	8°	14,0 cm
1/7		8,1°	14,3 cm
	16%	9°	16,0 cm
1/6		9,5°	16,7 cm
		10,0°	17,6 cm
	18%	10,2°	18,0 cm
1/5	20%	11,3°	20,0 cm
1/4	25%	14,0°	25,0 cm

6.1.3 Tabelle Dossierung
Zur Erklärung: werden 10% Dossierung angegeben, so bedeutet dies, dass eine 1 m hohe Mauer von der Senkrechten um 10 cm abweicht. In Grad würden das 5,7° entsprechen.

Beispiel: *Eine Mauer soll 2,60 m hoch gebaut werden. Die Dossierung soll 20% betragen. Wie weit weicht die Wand von der Senkrechten ab?*
Lösung:

$$a = h \cdot p\,[in\ \%] / 100 = 2{,}60\,m \cdot 20\% / 100 \qquad a = 0{,}52\,m$$

Die Abweichung zur Senkrechten beträgt an der Mauerkrone 52 cm.
Der Winkel a errechnet sich mit der Formel

$$\tan \alpha = a/h = 0{,}52\,m / 2{,}60\,m \;\;\text{–>}\;\; \alpha = 11{,}3°$$

ansprechend, sie dienen vorwiegend dem Oberflächenschutz der Böschung.

Wie Abb. 6.1.1 zeigt, besteht sowohl die Stütz- wie auch die Futtermauer im wesentlichen aus dem Fundament (1), der Mauerfront (2) und der Hintermauerung (3). Zwischen dem gewachsenem Boden (5) und der Mauer befindet sich das Packlager (4). Für die Mauerfront können die schönsten Steine verbaut werden.

Die Hintermauerung ist der wichtigste Teil der Stützmauer. Mit ihrem Gewicht trägt sie zur Stabilität der Hangbefestigung bei. Auch wenn es später nicht mehr zu sehen ist, die Hintermauerung sollte sehr sorgfältig ausgeführt werden. Sie besteht aus kleineren und größeren Steinen, die sich wegen ihres Erscheinungsbildes nicht für die Frontseite eignen. Gut verzahnt und so dicht wie möglich werden die Steine schrittweise eingebracht. Um die Verbindung zwischen Hintermauerwerk und dem anstehendem Hang herzustellen, wird der Raum mit kleinen Füllsteinen, Schotter und groben Kies aufgefüllt. Das ist das Packlager.

Wie schon erwähnt, dürfen für das Packlager auf keinen Fall Erde, Sand oder Lehm verwendet werden, weil sonst die drainierende Funktion verloren geht. Um die Bodenentwässerung weiter zu verbessern, kann ein Geotextil zwischen dem gewachsenem Boden und dem Packlager eingelegt werden. Diese relativ neue Entwicklung gibt es erst seit etwa 1970. Geotextil ist ein textiles Gewebe aus unverrottbarem, polymerem Kunststoff oder aus natürlichen Materialien wie Jute, Kokos oder Schilf. Es soll verhindern, dass sich die Erde mit dem drainierendem Schotter des Packlagers vermischt, und dient zudem als Wurzelschutz. Geotextilbahnen kommen zum Einsatz, wenn hohe Zugkräfte zu erwarten sind (z.B. hinter Stützmauern, unter Straßenbelag etc.).

Das dehnbare Geovlies dagegen besteht aus miteinander verfilzten Fasern und eignet sich besser zum Trennen und Filtern ohne größere Druckbelastungen, z.B. um Drainagerohre. Erhältlich ist beides als Rollenware in Bau- und Gartenmärkten.

Um dem Erddruck zu widerstehen, wird die Stützmauer gegen den Hang geneigt. Bis 1,60 m Höhe soll die Dossierung 1/10 und darüber 1/7 bis 1/5 der Höhe betragen. Die Steine werden dabei im rechten Winkel zur Dossierung gelegt. Wer bei der Rekonstruktion auf ältere Schriften zurückgreift, findet unterschiedliche Begriffe und Maßeinheiten. Bei der Umrechnung hilft Tabelle 6.1.3.

Je stärker die Mauer gegen das Erdreich geneigt wird, desto geringer kann die Mauerdicke gewählt werden. Allerdings verliert die Mauer bei Dossierungen über 25% ihren typischen Charakter und „verkommt" zur bloßen Oberflächenbefestigung.

6.1.5 oben Trockenmauern und Weinstöcke – akkurat gesetzt, akkurat gepflanzt.

6.1.6 So schön kann der Herbst eine Trockenmauer in den Weinbergen schmücken.

Weinbergmauern

Der heutige Terrassenweinbau kann in vielen Gegenden auf etwa 1000 Jahre Geschichte zurück blicken. Woran Generationen erfindungsreich arbeiteten, hinterlässt heute einzigartige Spuren. So entstanden weit verzweigte Systeme aus Trockenmauern, Terrassenschildern, Aufstiegstreppen und Entwässerungsbahnen. In das Entwässerungssystem, welches das Oberflächenwasser zu Tale leitet, wurden mancherorts auch die Steiganlagen und Erschließungstreppen eingebunden.

Der in dieser Beziehung wohl bedeutendste Weinberg ist der Callmuth in Rheinland-Pfalz. An seinen Hängen befinden sich rund 12 km Trockenmauern und 1,7 km Treppenstufen. Die über 900 Jahre alte Gesamtanlage steht seit 1983 unter Denkmalschutz. Aber auch die kleinsten und zugleich nördlichsten Anbauflächen an den Elbhängen bei Dresden sind unter Denkmalschutz gestellt. Bis zu 2.000 Hobbywinzer bemühen sich um den Erhalt dieser einzigartigen Kulturlandschaft, welche in die Liste des UNESCO-Weltkulturerbes aufgenommen wurde.

Die kilometerlangen Trockenmauern spenden den Reben wertvollen Wetterschutz. Durch die Terrassierung wird zudem die nutzbare Hangoberfläche vergrößert. Das Regenwasser wird am allzu schnellen Ablaufen gehindert und speichert somit die Feuchtigkeit, die für Weinreben wichtig ist.

Die Steinmauern selbst werden durch die Sonneneinstrahlung aufgeheizt und geben die gespeicherte Wärme langsam und zeitverzögert wieder ab. Am Tag entwickelt sich am Hang ein eigenes Mikroklima, das durchaus 5°C höhere Temperaturen als das der Umgebung haben kann. Weil gerade die Weinreben, als Kinder des Mittelmeerraumes sonnenverwöhnt, dieses Klima benötigen, werden sie in Mauernähe gepflanzt. Wachstum und Reifeprozess der Trauben werden dadurch beschleunigt.

Besonders die Schwergewichtsmauern - sie sollen die Erdmassen in Form halten - sind hoch beansprucht. Aus Überlieferungen weiß man, dass in den Weinbergen jedes Jahr die Trockenmauern von Spätherbst bis zum zeitigen Frühjahr kontrolliert und gerichtet werden mussten.

Es ist landläufig bekannt, dass der Feinschmecker die „Edlen Steine am Hang" am Geschmack erkennt. Weine, an Steinmauerterrassen gereift, sollen ein komplexes Aroma aufweisen und zu den edelsten Sorten gehören.

6.1.7
Alte und neu ergänzte Trockenmauern im Terrassenweinbau.

6.2 Freistehende Mauern

Freistehende Trockenmauern werden heute im Hausgarten zunehmend beliebter, sei es zur Einfriedung, um verschiedene Bereiche gestalterisch voneinander zu trennen, oder auch als Sicht- und Schallschutzwand zur Nachbarschaft. Diese zweihäuptigen, d.h. mit 2 Sichtflächen versehenen Mauern stehen allein durch ihr Eigengewicht und müssen so ausgeführt werden, dass sie nicht kippen können. Hier ist die Mauerdicke im Verhältnis zur Mauerhöhe der entscheidende Faktor. Die am häufigsten anzutreffenden Höhen für Begrenzungsmauern liegen zwischen 1,10 m und 1,50 m. Mauern für Schall- und Sichtschutz können wesentlich höher gebaut werden, jedoch ist bei solchen Mauern dann in der Regel ein Nachweis zur Standsicherheit nötig. Für die Länge gibt es praktisch keine Grenzen. Erfahrungsgemäß sind aber bei sehr langen Mauern Durchgänge oder Stufen mit einzuplanen. Andernfalls muss man mit Überkletterungen rechnen, gerade bei Kindern, die gern den für sie unkomplizierteren und erlebnisreicheren Weg wählen.

Wie wird eine freistehende Mauer gebaut? Ausgehend davon, dass nur Bruch- oder Lesesteine zur Verfügung stehen, richtet sich der Aufbau nach den vorhandenen Steingrößen. Dazu gibt es drei konstruktive Varianten, die sich in der Praxis bewährt haben.

Einwandige Mauer

Stehen nur große Steine zur Verfügung, kommt nur eine einwandige Mauer in Betracht (Abb. 6.2.2). Körperlich ist das die anstrengendste Mauerkonstruktion, jedoch geht der Aufbau auf Grund der Steingröße recht schnell voran. Zunächst werden in der untersten Reihe, die auch als Fundamentreihe dient, die größ-

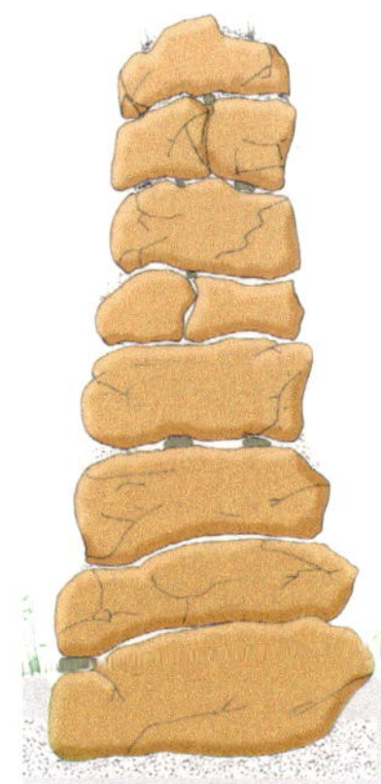

6.2.2
Freistehende, einwandige Mauer (Schnitt), siehe auch Seite 12

6.2.1
Hier wird ein Hausgarten optisch sehr ansprechend zur Straße begrenzt

ten Steine gelegt. Darüber folgen dann schmalere Steine, so dass sich die Mauer nach oben hin leicht verjüngt. Die ideale Mauerhöhe liegt bei etwa 1,30 m. Bis zu dieser Höhe lassen sich die Steine bequem ohne ein Baugerüst aufstapeln. Die Mauer muss nicht unbedingt aus mehreren, gleichmäßig aufeinander gesetzten Schichten bestehen. Auch unregelmäßiges Schichtenmauerwerk, bei dem die Steinschichten keine durchgehend horizontalen Linien bilden, ist reizvoll. Wichtig ist nur, dass die Steine gut ineinander greifen, die allgemeinen Bauregeln beachtet werden und der obere Abschluss weitgehend waagerecht ausgeführt wird. Auch eine spezielle Mauerkrone ist nicht erforderlich, denn statisch ist eine solche Mauer ausreichend stabil.

Zweiwandige Mauern

Sind vor Ort kleine *und* große Steine in ausreichendem Maße vorhanden, empfiehlt sich der Bau einer zweiwandigen Mauer (Abb. 6.2.3). In diesem Fall besteht das Fundament aus zwei nebeneinander gelegten Steinreihen. Diese können etwas breiter als die darüber liegenden Schichten sein.

6.2.3 Zweiwandiges Mauerwerk (Schemazeichnung), siehe auch Seite 13

Weil die erste Reihe üblicherweise unterhalb der humosen Schicht liegt, stört dies später nicht die Ansicht. Die Steine sollen etwa gleich breite Lagerflächen haben, sonst drückt die darüber liegende Last die kleineren Steine in den Erdboden. Das würde letztendlich zu unterschiedlichen Setzungen der Mauer führen. Die Hohlräume zwischen den zwei Fundamentreihen werden mit kleineren Steinen gefüllt. Falsch wäre es, an dieser Stelle die Steine lose einzuschütten. Das verursacht neue Hohlräume und unterschiedliche Dichten. Auch hier ist es nötig, jedes Steinchen passgerecht einzusetzen, so dass ein höchstmöglich dichtes und ineinandergreifendes Gefüge entsteht. Um sicher zu gehen, läuft man abschließend mehrmals über das Fundament.

Die großen Steine dürfen nicht mehr aus ihrer Lage kippen oder sich bewegen. Die kleinen Steine knirschen noch etwas unter den Füßen, sacken aber nicht mehr ab. Nun kann die nächste Schicht aufgesetzt werden. Die Steine werden mit der längeren Seite zur Mauermitte aufgelegt. Auch hierbei gilt es, die Grundregeln des Mauerbaus zu beachten. Sobald beide Seiten aufgelegt sind, wird der Zwischenraum wieder mit Schotter und Splitt aufgefüllt. Auf diese Weise mauert man Schicht für Schicht in die Höhe. Der Querschnitt soll sich nach oben hin leicht verjüngen.

In den oberen Läuferschichten dürfen die Steine nicht größer sein als in den darunter liegenden. Bis zu einer Mauerhöhe von etwa 1,40 m ist es ausreichend, wenn in halber Höhe eine Binderschicht eingebaut wird. Die zweite Binderschicht wird als Mauerkrone ausgelegt. Die Binderschichten sind unerlässlich, da ansonsten die beiden Mauerhälften auseinanderdriften (siehe auch Seite 38 ff.). Dabei muss die Binderschicht auf halber Höhe nicht vollflächig ausgeführt werden. Ausreichend sind 2-3 Bindersteine je lfd. Meter. Bewährt haben sich auch Bindersteine, die auf jeder Seite einige cm aus der Mauer herausragen, da diese leichte Ausbauchungen der Mauer ausgleichen können.

Werden Stufen für das spätere Übersteigen der Mauer benötigt, können die Binder auf beiden Seiten auch durchaus 20 cm herausragen. Bis zu einer Höhe von 1,10 m kann die untere Binderschicht entfallen, wenn die Mauerkrone vollflächig auch die Funktion als Binderschicht übernimmt.

Ein- und zweiwandige Mauer

Sind überwiegend große Steine verfügbar, hat sich die Kombination aus ein- und zweiwandigem Mauerwerk bewährt (Abb. 6.2.4). Der Mauerfuß wird zweireihig analog zur beschriebenen zweiwandigen Mauer aufgebaut. Sehr große Steine, die den gesamten Querschnitt überdecken, werden dabei an den Mauerköpfen oder in die Eckbereiche gelegt. Solche Steine können mehrere Steinschichten übergreifend hoch sein. Dazwischen bilden in Längsrichtung zwei Reihen relativ gleich großer Steine die unterste Schicht, wobei der Zwischenraum gleichfalls wieder mit kleinen Steinen aufgefüllt wird. Darüber wird die zweiwandige Mauer weiter mit mittelgroßen Steinen aufgeschichtet. Ab etwa halber Mauerhöhe wird eine vollflächige Binderschicht gesetzt.

Durch Unterkeilen wird sie in ihrer Länge möglichst waagerecht ausnivelliert. Auf dieser Binderschicht kann man nun mit großen Steinen eine einwandige Mauer errichten. Wichtig ist, dass die Mauerkrone wieder aus Bindersteinen besteht. Bewährt haben sich an dieser Stelle Abdeckplatten oder - optisch besser - eine Rollschicht. Die kombinierte ein- und zweiwandige Konstruktion gilt allgemein als die haltbarste und langlebigste Ausführung.

In der Tabelle 6.2.5 sind die fachgerechten Relationen in Bezug auf die Mauerhöhe zusammengefasst.

6.2.4
Ein- und zweiwandiges Mauerwerk (Schemazeichnung), siehe auch Seite 13

Dimensionierung kleinerer Mauern		
	Breite b1 der Mauerkrone	Breite b2 am Mauerfuß
Futtermauer	1/6 h	1/3 bis 1/4 h
Stützmauer	1/4 bis 1/3 h	1/2 bis 1/3 h
Begrenzungsmauer	1/3 h	1/2 h

Tabelle 6.2.5 Dimensionierung kleinerer Mauern

6.3 Wasserberührende Mauern

Für den naturnahen Wasserbau eignen sich Trockenmauern hervorragend und fügen sich harmonisch in das Medium Wasser ein. Die im Bach-, Fluss- oder Brunnenausbau verwendeten Mauern sind in der Regel gleichzeitig Stützmauern, die das Gelände oberhalb des Wasserlaufes stabilisieren und vor Erdausschwemmungen schützen (Abb. 6.3.1 – 6.3.6).

6.3.1
Ein kleiner Teich wurde mit trocken gesetzten Steinen eingefasst.

6.3.2 *Durch die stabilen und großen Randsteine erhält der Bachlauf seine Form.*

Der Aufbau wasserberührender Mauern entspricht in etwa dem von Stützmauern. Der Verlauf der Mauern wird dem natürlichen, mäanderförmigen Bachlauf angepasst. Von einer Begradigung des Wasserlaufes ist abzusehen. Warum? Eine Begradigung hat immer eine Erhöhung der Fließgeschwindigkeit zur Folge. Damit ist das Flussbett einer stärkeren Erosion ausgesetzt. Kleinlebewesen finden weniger Unterschlupfmöglichkeiten und die angrenzenden Bodenflächen werden schneller entwässert. Die Folge ist eine Absenkung des Grundwasserspiegels in den anliegenden Wäldern und landwirtschaftlichen Nutzflächen. Gleichzeitig steigt die Hochwassergefahr für nachfolgende Flussabschnitte.

Aufgrund der Drainagewirkung eignen sich Trockenmauern auch für den Bau von Sickergruben. Wie bei einem Brunnen wird die Mauer ringförmig aufgesetzt. Dadurch kann sie dem äußeren Erddruck gut entgegenwirken. Die einzelnen Steine sind dabei so zu verzahnen, dass sie nicht nach innen aus der Wand gedrückt werden können. Beim Brunnenbau werden die Wände zum Erdreich hin gut abgedichtet, möglichst mit schwerem Lehm und Ton, denn es soll ja Grundwasser gewonnen und das Oberflächenwasser möglichst ferngehalten werden.

Wie kann eine Mauer in eine wasserführende Bodenschicht eingebracht werden? Überlieferungen zufolge bestand die älteste Bauweise darin, eine Brunnengrube trichterförmig auszuheben und darin die Mauer von der Sohle beginnend aufzumauern. Erst dann wurde rund um die Mauer abgedichtet und verfüllt. Diese Arbeiten konnten deshalb nur bei Trockenheit und niedrigem Grundwasserspiegel ausgeführt werden.

6.3.3 oben rechts
Trockenmauer zur Verkleidung der Brückenwangen. Das Abwasserrohr tritt dadurch optisch in den Hintergrund.

6.3.4 oben
Dieser Bachlauf, mit trocken gesetzten Steinen begrenzt, bietet unterschiedliche Lebensräume für Pflanzen und Tiere.

6.3.5 Mitte rechts
Uferbefestigung mit Feldsteinen und Treppenabgang mit Steinquadern

6.3.6 Blick in einen 3 Meter tiefen, mit Feldsteinen gefassten Brunnen.

6.4 Mauern aus Betonformsteinen

Die Zahl derer, die sich an den Bau einer Trockenmauer heranwagen, ist recht gering. Oftmals fehlt das Vertrauen in eine längere Haltbarkeit, zu sehr wird die scheinbare Verlässlichkeit allein in der Bindekraft von Beton und Mörtel gesehen. Dazu kommt, dass nicht jeder Naturstein in größeren Mengen in seiner Umgebung vorfindet und gekaufte Natursteine verhältnismäßig teuer sind. Können die selbstbaufreundlichen Betonelemente eine Alternative sein? Diese gibt es in verschiedenen Formen, Abmessungen und Farben. Einige Anbieter stellen auch Kunststeine mit Oberflächen her, die wie Natursteine aussehen. Zu diesen Systemen gibt es vom Hersteller detaillierte Anleitungen zur Berechnung des Materialbedarf, zu statischen Belastungswerten und mögliche Bauhöhen.

Die Formsteine sind geeignet zum Bau gerader, hoher Wände, bogenförmiger Linien oder nach hinten versetzter Hangbefestigungen. Auch Ecken, Nischen und Durchgänge können problemlos und ohne besondere handwerkliche Fähigkeiten hergestellt werden. Solche Betonformsteine lassen sich schnell übereinander stellen, mit Erde befüllen und bepflanzen.

Eine natürliche Struktur wie die einer Natursteinmauer ist freilich nicht zu erzielen. Aneinandergereiht ergeben die monoton gleichförmigen Betonsteine eine Architektur im Stil des „Baumarktismus“. Zudem wird zu ihrer Herstellung im Vergleich zu Natursteinen viel Energie benötigt, auch ihre spätere Entsorgung ist problematischer. Es fehlen die Schlupfwinkel für Kleinlebewesen. Pflanzen gedeihen nur so lange, wie auch regelmäßig gepflegt und gewässert wird.

Obwohl immer noch besser als eine monolithisch versiegelte Hangbefestigung, sollten Mauern aus Betonformsteinen nicht nur aus ästhetischer, sondern auch aus ökologischer Sicht besser vermieden werden.

6.4.1
Stein auf Stein, Fuge auf Fuge – schön ist anders!

6.5 Mauern aus Recyclingmaterial

Dass gelegentlich etwas aufgehoben und wieder verwendet wird, was andere Leute entsorgen, ist bekannt. Ungewöhnlich ist, wenn Baustellenschutt, statt in der Schreddermaschine zerkleinert, als Element in der Garten- und Landschaftsgestaltung Verwendung findet. So geschehen inmitten einer Dresdener Plattenbausiedlung. Die Anwohner staunten nicht schlecht, als drei große Lkws über eine fein geschnittene Rasenfläche rollten, mit ihren Rädern die Erde aufwühlten und Betonbruch abkippten. „Das ist die alte Betondecke der Prager Straße und ein Geschenk unserer Baufirma!" soll ein Fahrer den Leuten zugerufen haben. Dass der alte, verfallene Spielplatz einmal erneuert werden sollte, darüber hatte man schon gesprochen. Was aber in diesem Moment gerade passierte, schien damit nichts zu tun zu haben. Schnell waren einige beherzte Anwohner am Telefon und verständigten die nächste Polizeidienststelle und das Umweltamt. Jene schienen aber die erhofften Reaktionen nicht zu zeigen und so stieg Unmut auf. Die zweite Welle der Empörung erhob sich am nächsten Tag, als ein Trupp junger, verwegen aussehender Männer auftauchte, um Gräben auszuheben. Hier waren Umweltsünder am Werk! Es gab keine andere Erklärung, denn die Jugendlichen begannen, feinere Betonteile wie Schotter einzufüllen und zu verdichten. Die Anwohner protestierten am Rande der Baustelle und forderten einen Baustopp.

Die Erklärung: Die jungen Leute, betreut von Lehrmeistern und Landschaftsplanern, kamen vom Sächsischen Umschulungs- und Fortbildungswerk. Es handelte sich um ein vom Kinderschutzbund YoYo initiiertes und vom LOS-Förderprogramm (LOS: Lokales Kapital für soziale Zwecke, ein Programm, das aus Mitteln des Europäischen Sozialfonds (ESF) finanziert wird) bewilligtes Projekt zur Schaffung eines neuen Kinderspielplatzes. Die Verantwortlichen versuchten die Anwohner mit Engelszungen zu überzeugen, eine gewisse Distanz blieb, und die Zahl der Schaulustigen auch. In den ersten Tagen verliefen die Arbeiten schleppend. Niemand von den Jugendlichen hatte vor-

6.5.1 Noch ahnt niemand, wofür dieser Schutthaufen gut sein wird ....

6.5.2 ... doch aufeinander geschichtet lassen sich die Recycling-Steine zu einer schönen Trockenmauer verbauen.

her je eine Trockenmauer errichtet. Zerbrochene Betonplatten als Baumaterial waren zudem ungewöhnlich und man musste sich erst einmal damit vertraut machen. Dann aber geriet der Bautrupp in eine Art Baufieber, das auch die Umstehenden erfasste. Unter den geschickten Händen wuchs eine ansehnliche Mauer, die sich nicht höher als 80 cm um den alten Spielplatz schlängelte (Abb. 6.5.1 bis 6.5.4). Der abgekippte Steinhaufen wurde zusehends kleiner. Nun fassten auch die Anwohner mit an. Ein kleines Wunder begann. Einige Frauen regten an, Sitzbänke zu integrieren, um die Kinder besser beim Spielen beobachten zu können. Eine ältere Frau freute sich ganz besonders über die in den Steinspalten angepflanzten Sträucher, darunter einheimische Beerengehölze, die später leckere Früchte tragen sollten.

Noch wird es einige Zeit dauern, bis der neue Spielplatz von allen als eine

6.5.3
Die Recyclingmauer schlängelt sich durch den Innenhof einer Neubausiedlung. So wurden gleich zwei Funktionen erfüllt: Das Wiederverwerten von Abbruchsteinen und die Aufwertung eines monotonen Innenhofes.

6.5.4
Die Mauer bietet Platz und Raum zum Verweilen und für Gespräche zwischen Jung und Alt. Ein sehr schönes Projekt!

Bereicherung angenommen wird. Wenn aber in ein paar Jahren die Pflanzen die alten Bruchsteinkanten überranken und die süßen Beerenfrüchte Kinderaugen erstrahlen lassen, dann wird man Besucher vielleicht mit einem verschmitzten Lächeln fragen: „Wussten Sie, dass durch unseren Innenhof ein Teil der berühmten Prager Straße verläuft?“

Mit dieser kleinen Geschichte soll gezeigt werden, wie kreativ das Bauen von Trockenmauern verstanden werden kann. Wer den Wunsch hat, möglichst umweltschonende Baustoffe dafür einzusetzen, landet schnell bei der Idee, sich nach Abbruchmaterialien umzusehen. Diese sind meist in der Nähe zu erhalten und vor allem kostenlos. Die Abrissfirma spart sich teure Entsorgungskosten. Da unterschiedliche Stoffe eingesetzt werden können, lassen sich bunte und zum Teil kuriose Mauerwerke errichten. Wer damit keine Erfahrung hat, sollte zunächst einmal eine kleine Mustermauer errichten. Wird die Trockenmauer gar zum Teil einer Projektidee, wie im obigen Beispiel (Integration sozialer Belange in Verbindung mit Ressourcen schonender Bauweise und Schaffung biologischer Ausgleichsflächen), dann kann es dafür auch öffentliche Fördermittel geben. Und wenn sich an Hand einzelner Bauteile ihre Herkunft ableiten lässt, dann erzählen die Mauern ihre eigene Geschichte und lassen vergangene Zeiten lebendig bleiben.

6.6 Gabionen

Die Bezeichnung Gabionen entstammt dem altitalienischen Wort *gabbione* und bedeutet so viel wie großer Käfig. Es existieren auch weitere Begriffe wie z.B. Drahtkorb, Drahtschotterkasten, Steinkorb, Schüttkorb oder Mauersteinkorb. Eine Gabione ist ein mit Steinen gefüllter Drahtkorb.

Diese Konstruktion ist keine neue Erfindung, eher eine Wiederentdeckung. Bereits im Mittelalter gab es käfigartige Befestigungen. Sie nannten sich Schanzkörbe und wurden aus Gerten und Zweigen geflochten. Der Verwendungszweck war allerdings wenig friedlich. Dem Militär dienten die etwa 1,20 bis 1,80 m hohen und etwa 60 cm dicken Körbe zur Deckung vor feindlichen Geschossen. Zu diesem Zweck wurden sie mit Erde befüllt und angefeuchtet.

Heute werden solche Körbe etwas anders gebaut. Aus massivem Zink-

6.6.1
Steine hinter Gittern werden Gabionen genannt – eine schnelle und unkomplizierte Art, eine Trockenmauer zu „setzen“.

draht entsteht zunächst ein Käfig. Dieser wird mit unterschiedlichem Steinmaterial befüllt. Ursprünglich dachte man, dass sich die Fugen im Laufe der Zeit mit Erde zusetzen und der Drahtkorb langsam verrotten würde. Das passierte aber nicht, weshalb man dazu überging, das Drahtgeflecht massiver und haltbarer herzustellen.

Nach dem jetzigen Stand der Technik geht man davon aus, dass dank der aufgebrachten Verzinkung (nach DIN EN ISO 12944) die Drähte länger als 50 Jahre halten.

Mit Gabionen lassen sich schnell und effizient Böschungs- und Stützmauern errichten. Auch hat sich ihr Einsatz für Lärm- und Sichtschutzmauern bewährt. Neuerdings sind sie in kleineren Abmessungen auch in Hausgärten zu finden. In den Weinbergen bieten sie eine Alternative zur herkömmlichen Terrassenbefestigung. Allerdings fehlen im Inneren die natürlichen Erdeinlagerungen, so dass sie aus ökologischer Sicht für viele Tier- und Pflanzenarten wenig Lebensraum bieten. Gabionen sind eine gute, preislich vorteilhafte Alternative zu Mau-

6.6.2
Terrassierungen schaffen Platz auf wenig Raum.

6.6.3 *oben*
Eckausbildung, hier ganz unkompliziert

6.6.4 *links*
Nicht nur kleine Steine – auch Sandsteinquader können in die Gittermodule geschichtet werden.

ern aus Beton oder aus Betonfertigteilen. Sie lassen sich statisch genau berechnen und können so auch für größere und komplizierte Böschungsbefestigungen verwendet werden. Zur Herstellung gibt es zwei Methoden. Bei der ersten Variante werden die Drahtkonstruktionen vor Ort geflochten bzw. zusammengebaut und dann die Steine eingeschüttet. Für besonders dekorative Flächen wird die Ansichtfläche mit der Hand eingeschichtet. Das macht die Wand allerdings teuer. Auch kann es passieren, dass die Befüllung nach Jahren nachsackt und eventuell unschöne Ausbauchungen entstehen. Bei der zweiten Variante erfolgt die Fertigung und Verfüllung der Gabionen schon im Werk. Das hat den Vorteil, dass das Material nicht auf der Baustelle bevorratet werden muss. So können die fertigen Gabionen innerhalb weniger Minuten mit einem Kran vom Lkw auf den vorbereiteten Platz abgesetzt werden.

6.7 Pflanzmauern

Bei Pflanzmauern sind zwischen den Steinritzen und auf der Mauerkrone Polsterstauden, Stauden und Kleingehölze integriert. Durch die Symbiose von Stein und Pflanzen tritt der bautechnische Charakter der Mauer optisch in den Hintergrund (Abb. 6.7.1). Deshalb werden Pflanzmauern auch gerne als gestalterisches Element dort eingesetzt, wo es darum geht, unattraktive Flächen aufzuwerten. Daher begegnet man Pflanzmauern nicht nur in Hausgärten, sondern hier und da auch in öffentlichen Grünanlagen. Pflanzmauern sind meist sich parallel gegenüber stehende freistehende Mauern, die durch Erdeinfüllungen verbunden sind. Eine solche Konstruktion wird auch *Trockenmauerwall* genannt und ist letztendlich ein Hochbeet. Verläuft eine Pflanzmauer in Ost-West-Richtung, schafft das ausgeprägte Licht- und Schattenseiten, was unterschiedliche Bepflanzungsmöglichkeiten zulässt. Für den Mauerbau selbst gelten auch hier die allgemeinen Bauregeln aus Kap. 5.3.

In der Regel werden Pflanzmauern zwischen 40 und 90 cm hoch gebaut. Bei Pflanzmauern in öffentlichen Anlagen mit Spielplätzen ist mit kletternden Kindern zu rechnen. Die Landesbauordnungen verlangen Absturzsicherungen bei Kletterbauwerken. Das

6.7.1
Schema Pflanzmauer (Schnittzeichnung)

6.7.2 rechts
Grasbewachsener Trockenmauerwall.

6.7.3 links
Diese Friesenmauer besteht nur aus je einer Reihe großer Findlinge.

6.7.4 links oben
Für Gartenliebhaber sind diese Hochbeete eine Rücken schonende Alternative zum Bodenbeet. Hier wurden aus Granitsteinquadern Hochbeete geschaffen, die mit Erde ausgefüllt, eine sehr schöne Pflanzfläche bieten.

6.7.5 rechts oben
Reich bewachsene Findlingsmauer in Norddeutschland.

6.7.6
Hochbeet aus Bruchsteinen.

sind Maßnahmen gegen unbeabsichtigtes Fallen oder verletzungsfreies Fallen, wie es in Sand oder einer dicken Schicht Rindenmulch möglich ist.

Wie Abb. 6.7.1 zeigt, werden die beiden äußeren Wände einer Pflanzmauer leicht nach innen geneigt errichtet. Ein Anlauf (Dossierung) von 10 – 20% ist günstig, denn dann bekommen die Pflanzen in den Ritzen ausreichend Niederschlag und Licht. Auch fallen die Samen vieler Pflanzen nicht zu Boden, sondern bleiben in den darunter liegenden Spalten und Ritzen liegen. Die horizontalen Fugen, also die Lagerfugen, werden beim Verlegen der Steine nach innen gerichtet. So kann Wasser in die Mauer fließen und die Erde wird nicht herausgespült. Eine andere Möglichkeit besteht darin, die einzelnen Steinschichten treppenartig zurückzusetzen (Abb. 6.7.2). Dadurch lassen sich breite, Wasser aufnehmende Pflanzbänder anlegen. Nach oben sollten die Steine kleiner werden. Zu große Steine im oberen Bereich machen die Mauer kopflastig. Das wirkt unproportional. Weil man bei dieser Art Trockenmauer ausnahmsweise zwischen den Steinen eine die Fugen und Spalten ausfüllende Erdschicht ein-

6.7.7 Pflanzmäuerchen als Niveauausgleich

6.7.8 und 6.7.9 Pflanzmäuerchen am Treppenaufgang

6.7.10 Schön bepflanzte Trockenmauer

6.7.11 oben links Trockenmauerwall in Dänemark

6.7.12 oben rechts und 6.7.13 rechts Trockenheit und Wärme liebende Pflanzen fühlen sich zwischen den Fugen einer Trockenmauer erst so richtig wohl.

6.7.14 Grabeinfassung in Form einer Friesenmauer im Norden Deutschlands.

bringen kann, ist dieser Mauertyp in manchen Regionen besonders beliebt. Das ist vor allem im Norden Deutschland der Fall, dort dienen als Baumaterial runde, glatte Findlinge, die ohne einen Füllstoff wie Erde nur schwer aufeinander halten. Die Wurzeln der Pflanzen nutzen den Nährstoff und bilden mit der Zeit in den Ritzen und Spalten ein stabilisierendes Geflecht. Tiefer dringende Wurzeln gelangen bis zur Erde innerhalb der Pflanzmauer und kommen so zu Feuchtigkeit und zu den benötigten Nährstoffen. Dickfleischige Pflanzen wie eine Reihe Sedum- und Sempervivum-Arten dagegen speichern das Wasser in den Blättern und können sich, da sie fast keine Erde benötigen, auch in den schmalsten Fugen festklammern. Über Jahre entsteht so ein engmaschiges Wurzelwerk, welches wiederum das Füllmaterial davor bewahrt, von Regen und Frost ausgespült zu werden. Dass dieses System viele Jahre funktioniert und so gebaute Mauern über lange Zeit beharrlich stehen bleiben, beweisen die Findlingsmauern, auch *Friesenmauern* genannt (Abb. 6.7.2 bis 6.7.4).

6.7.15 Auch niedrig gebaute Gabionen können als Pflanzmauer gestaltet werden.

6.7.16
Pflanzmauer mit einer Mauerkrone aus zwei Holzstämmen, die das Pflanzbeet begrenzen.

6.7.17
Trockenmauer mit Tunnel für die Spielzeugeisenbahn

6.7.18 links unten
Mit verziertem Gitter und Muscheln geschmückte Pflanzmauer

6.7.19 rechts unten
Lauschiger Sitzplatz zwischen Trockenmauern

6.8 Kräuterspiralen

Es soll etwa im Jahr 1970 gewesen sein, als ein australischer Ökonom an einem Entwurf für eine Gartengestaltung arbeitete. Dabei fiel ihm auf, dass seine Landschaftsplanungen immer zweidimensional waren. Warum eigentlich sollte man nicht auch mal etwas nach oben und unten bauen? Seine schön angeordneten Beete und Pflanzflächen wirkten auf einer Ebene langweilig, so fand er. Man müsste etwas Zweckmäßiges einfügen, etwas, das die Fläche anders strukturiert. Mit solchen Gedanken legte er sich abends in sein Bett und konnte lange nicht einschlafen. Stattdessen dachte er über die pyramidenartigen Stufentempel Mesopotamiens nach, die sich so beeindruckend aus der weitläufigen Ebene erheben. Könnte hier der Schlüssel für eine neue Gartenarchitektur liegen? Am nächsten Morgen begab er sich in seinen Garten. Er grub einen kleinen Tümpel und schichtete daneben Steine und Erde spiralförmig auf, ähnlich einem Schneckengehäuse. Dies war die Geburtsstunde der Kräuterspirale. Der Mann, dem man diese Geschichte nachsagt, hieß Bill Mollison. Er war es auch, der die Idee der Permakultur aufgriff und weiterentwickelte. Für sein Konzept erhielt er 1981 den Alternativen Nobelpreis.

Soweit die Legende. Tatsächlich liegt die Erfindung der Kräuterspirale viel, viel länger zurück. Bereits in mittelalterlichen Burganlagen und Klöstern entstanden ähnliche Konstruktionen. Man nannte sie Hügelbeete oder Hochbeete, später auch Kräuterschnecken. Die erste vollständige Beschreibung einer Kräuterspirale lieferte der Franzose *Olivier de Serres* (1539 – 1619) in seinem tausendseitigen *Handbuch der Landwirtschaft*. Er nannte diese Bauform „Montagnette“, benannt nach einer französischen Hügelkette. Diese erhebt sich auffällig aus der Landschaft und soll einen berau-

6.8.1
Spiralförmig aufgesetzte Pflanzmauer aus Bruchstein, um möglichst vielen Pflanzen einen Lebensraum zu bieten.

schenden Duft von Thymian, Lavendel und anderen Kräutern verströmt haben.

Egal, wer als Erster die Kräuterspirale erfunden hat, eine Kräuterspirale ist nichts anders als eine Kombination aus Steingarten, Hochbeet und Trockenmauer. Das Besondere daran: sie ist kreisförmig aufgebaut, erhebt sich entweder über mehrere Etagen oder schraubt sich gleichsam in die Höhe. Zwischen den Steinen, meist Natursteinen, ist Erde als Füll- und Pflanzmaterial eingebracht. Durch die verschiedenen Höhen entstehen unterschiedliche Lebensräume mit einem jeweils eigenen Mikroklima. Allein durch die Bauweise werden Schatten-, Halbschatten- und Sonnenseiten geschaffen. Im Einflussbereich der aufgeheizten Steine finden vor allem Wärme liebende und Trockenheit tolerierende Pflanzen ein Zuhause.

Am Fuß der Kräuterspirale, der zweckmäßigerweise in einen kleinen Wassertümpel auf der Südseite mündet und im Schatten der Steine siedeln sich feuchtigkeitsliebende Pflanzen an. Zwischen den Ritzen und Spalten der Mauer finden Kleinlebewesen Unterschlupf. Für Spitzmaus und Frosch ist es hilfreich, wenn auch mal größere Zwischenräume zwischen den Steinen bleiben.

Die Struktur der Spiralmauer ähnelt der Pflanzmauer. Die höher liegenden Teile der Spirale müssen nicht alle auf der gleichen Fundamentebene ruhen. Vielmehr können Aufschüttungen vorgenommen werden. Dies ist eine Gelegenheit, natürliche Bauabfälle wie Sand, Splitt, Ziegelbruch, Kalkputz und übrig gebliebenes Aushubmaterial, vermischt mit Kompost und Gartenerde umweltfreundlich zu verwerten. Kunststoffe und Chemikalien dürfen natürlich so nicht entsorgt werden. Auch alte Farbanstriche und miteinander verklebte Baumaterialien, wie sie bei der Verarbeitung von Gasbetonsteinen entstehen, haben hier nichts zu suchen.

Weiterführende Literatur: Irmela Erckenbrecht; Die Kräuterspirale; pala-verlag

6.8.2
Schnell errichtet: Kräuterspirale aus Steinquadern.

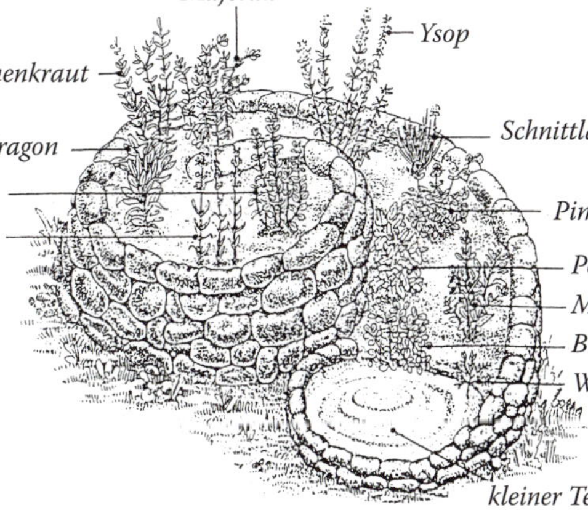

6.8.3 Prinzipskizze: Mit Kräutern bepflanzte Steinspirale.

7 Trockenmauern: Tier- und Pflanzenreiche

Trockenmauern bieten speziellen Tieren und Pflanzen eine Lebensgrundlage, einen Unterschlupf und sogar einen Brutplatz. In und auf der Trockenmauer herrscht ein karges Klima – Humus ist Mangelware. Im Sommer können sich die Steine auf Temperaturen bis 60°C aufheizen. Im Winter dagegen frieren die Steine und der dazwischen angesammelte, dünne Erdboden durch. Nur an diese Extrembedingungen angepasste Pflanzen und Tiere werden hier überleben.

7.1 Tiere zwischen Trockensteinen und Schotter

Es ist kaum zu glauben, wie viele Tiere in und auf einer Trockenmauer ihren Lebensraum finden! Ein wichtiger Vorteil dieses speziellen Lebensraumes ist, dass er schattige, sonnige, trockene und auch feuchte Bereiche aufweist, die Tieren als Behausung, Nahrungsquelle oder als Sonnenplatz dienen. Die Trockenmauer ist ein Platz, an dem manche Tiere überhaupt nur noch einen Lebensraum finden! Durch den Verlust an natürlichen Steinbrachen und alten Trockenmauern nehmen auch die Lebensräume für solche Tiere ab.

Tiere, die ein großes Wärmebedürfnis haben und Trockenheit ertragen, finden auf den von der Sonne aufgeheizten, wärmespeichernden Steinen ihren optimalen Lebensraum. Zusammen mit der einhergehenden Pflanzenwelt bilden sie eine speziell angepasste Gemeinschaft. Fugen, Schotter und Mauerritzen locken Sonnenanbeter an und bieten ihnen Verstecke, Brut- und Schlafplätze. Im folgenden werden einige typische, häufig zu beobachtende Tiere aufgeführt.

7.1.1 Lebensraum Trockenmauer

7.1.2
Wer kommt denn da? Auf aufgeheizten Steinen nimmt die Bergeidechse gern ein Sonnenbad.

7.1.3
Droht Gefahr? Vorsichtshalber schlängelt sich die Blindschleiche schnell zwischen die Mauerfugen.

7.1.4
Fast überall ist die Feuerwanze anzutreffen. Sobald sich die ersten Frühlings-Sonnenstrahlen zeigen, zeigen sich auch die kleinen Krabbeltiere.

Die *Bergeidechse* (Abb. 7.1.2) nimmt auf den Steinen gern ein Sonnenbad. Typischerweise badet sie zweimal am Tag in der Sonne, morgens oder vormittags und am späten Nachmittag. Zwischendurch geht sie auf Beutefang.

Sie ernährt sich, wie andere Eidechsenarten auch, von kleineren Tieren, insbesondere Würmern, Insekten, Spinnen, Heuschrecken, Zikaden, Käfern und Ameisen. Die Bergeidechse bevorzugt so genannte Magerbiotope, wie sie in und auf Trockenmauern vorzufinden sind. Nach dem Winter, nach der Winterstarre, die sie in den Erdlöchern und möglichst frostfreien Spalten verbringt, taucht sie Anfang April wieder auf.

Die *Blindschleiche* sieht wie eine Schlange aus, zählt jedoch zu der Gattung der Echsen (Abb. 7.1.3). Sie ist ungefährlich und besitzt keinen Giftzahn. Blindschleichen zeigen sich oft nur morgens und abends bei ihrem Sonnenbad auf den aufgeheizten Steinen. Sie ernähren sich von Nacktschnecken und Würmern, deshalb kommen sie oft nach Regenfällen aus ihrem Versteck, um zu jagen. Vereinzelt werden von ihnen auch Insekten und Spinnen gefressen. Die Blindschleiche überwintert in Höhlen. Darin erstarrt sie und wacht Ende März bis Anfang April wieder auf.

Feuerwanzen, auffällig durch ihre rotschwarze Zeichnung, können nicht fliegen, obwohl sie Flügel besitzen. Ihrem Äußeren nach sehen sie eher wie Käfer aus, deshalb nennt der Volksmund sie auch Schuster- oder Feuerkäfer (Abb. 7.1.4). Tatsächlich zählen diese Tierchen zur Gattung der Wanzen und sind für den Menschen völ-

lig harmlos. Am liebsten leben sie unter Linden, Kastanien oder Malvengewächsen und verstecken sich in der Erde oder in alten, zerklüfteten Natursteinmauern. Mit den ersten Sonnenstrahlen im Frühjahr krabbeln sie auf die warmen Steinoberflächen und sonnen sich. Was sie eigentlich genau machen, weiß keiner so richtig, außer das sie sich gern zusammenkuscheln und sich lieben. Oft sind bis zu 100 Tiere zusammen. Ihr Liebesakt kann bis zu 30 Stunden dauern, wobei sie dazu auch gern hin und her laufen. Der deutsche Zoologe Hermann Henking fand das so imposant, dass er die Wanzen 1891 wissenschaftlich untersuchte. Dabei entdeckte er an den Spermien deutlich sichtbare Strukturen, die er unterschiedlichen Geschlechtern zuordnen konnte. Diese rätselhaften Gebilde nannte er X-Faktor. 20 Jahre später bildete seine Forschungsarbeit die Grundlage für die Entdeckung des X-Chromosoms.
Als Nahrungsquelle dienen den Feuerwanzen Pflanzen, die sie aussaugen, aber auch Insekten und deren Eier.

Die *Steinhummel* wurde zum Insekt des Jahres 2005 gewählt, weil sie für ca. 30 einheimische und geschützte Hummelarten steht, die eine große Bedeutung bei der Bestäubung von Wild- und Nutzpflanzen haben (Abb. 7.1.5). Ohne die Steinhummel gäbe es viele Früchte nicht. Sie baut ihr Nest unter Steinhaufen, auf steinigem Boden oder in Mauerspalten, worauf sich auch der Name bezieht.

Die Steinhummel ist eine der größten heimischen Hummeln. Vielerorts findet man ihr Nest in Natursteinmauern, weshalb der Bau oder Erhalt einer Trockenmauer die Ansiedlung eines Hummelvolkes fördert und zum Schutz der Steinhummel beiträgt. Die meisten Hummeln beziehen aber auch vorhandene Nester von Vögeln und Kleinsäugern.
Hummeln im allgemeinen sind sehr friedlich und stechen in der Regel nicht, obwohl sie einen Stachel besitzen.

Laufkäfer gehören zu den artenreichsten Käferfamilien in Mitteleuropa (Abb. 7.1.6). Die meisten Laufkäfer sind flugunfähig, können aber sehr gut laufen. Tagsüber findet man sie vor allem unter Steinen, Pflanzenresten oder unter der Rinde morscher Bäume. Nachts sind sie sehr aktiv. Viele Arten der Laufkäfer sind auf ganz spezielle Lebensräume und Le-

7.1.5
Die Steinhummel sucht auf ihrem Ausflug Nektar in der Blüte. Ihre Behausung wählt sie gern zwischen Steinen.

7.1.6
Bockkäfer (Moschusbock) auf einem Spaziergang auf sonnenwarmen Steinen.

bensbedingungen angewiesen. Das Beutespektrum der Laufkäfer umfasst neben pflanzlicher Kost vor allem am Boden lebende Würmer, Insekten und Schnecken. Diese an Bodennähe angepasste Art ist aufgrund der zunehmenden Zerstörung natürlicher Ökosysteme und Biotope in ihrem Vorkommen teilweise so weit reduziert worden, dass sie heute als stark gefährdet gilt und entsprechend auf der Roten Liste aufgeführt ist. Die auffallendsten, großen Laufkäfer sind alle unter die Bestimmungen der Bundesartenschutzverordnung gestellt.

Die *Hausrotschwänze* bauen ihre Nester in Fels- und Mauerspalten, an Häusern, in Nischen oder auf Vorsprüngen. Sie sind Zugvögel und besiedeln vorwiegend steinige Plätze. Hausrotschwänze ernähren sich fast ausschließlich von Insekten und Spinnen. Die Nahrung des Hautrotschwanzes besteht vor allem aus wirbellosen Kleintieren wie Insekten, verschiedenen Spinnentieren sowie verschiedenen Arten weiterer, vor allem Boden bewohnender Gliederfüßler und Schnecken. Aber auch pflanzliche Nahrung, insbesondere Beeren, gehören zum Beutespektrum des Hausrotschwanzes. Der Hausrotschwanz brütet vorwiegend in Mauerspalten und -ritzen und legt 4 bis 6 Eier pro Jahr. Nach ca. 14 Tagen schlüpfen die Jungen innerhalb weniger Stunden. Sie verbleiben bis zu 15 Tage im Nest und fliegen dann aus.

7.1.7
Das Mauswiesel bewohnt Mauerspalten, Steinhaufen und Weinbergbrachen.

Das *Mauswiesel* gehört zur Familie der Marder und ist in Mitteleuropa heimisch (Abb. 7.1.7). Es ist ein Raubtier, sehr klein und tags wie nachts unterwegs. Das Mauswiesel bewohnt vorzugsweise Weinbergbrachen, ist aber auch auf Wiesen, Weiden und in Wäldern anzutreffen. Als Unterschlupf bedient es sich der Mauerspalten, Steinhaufen oder Bauten anderer Tiere, wie z.B. der von Mäusen. Da Mauswiesel sich gern von Mäusen ernähren, tragen sie wirksam zur Reduzierung der Feld- und Wühlmäuse bei.

7.2 Pflanzen in Ritzen, Spalten und Rissen

Pflanzen die auf und in einer Trockenmauer leben, müssen mit chronischem Wassermangel und mit Temperaturen zwischen 50 und 60°C auskommen. Nicht jede Pflanze kann mit solchen Extrembedingungen leben. Es gibt heute in Garten– und Baumärkten gezüchtete und an Trockenheit angepasste Polsterstauden, die man beim Bau oder bei der Sanierung einer Trockenmauer schnell einbringen kann, um ein botanisches, sichtbares und vor allem schnelles Ergebnis zu erzielen. Die Pflanzen werden während des Mauerbaus in die Steinfugen eingesetzt und mit wasserdurchlässigem Substrat versorgt. Achtung ist bei üppig wachsenden Polsterstauden wie z.B. Blaukissen geboten, die schnell die Trockenmauer unter sich vereinnahmen und keinen Blick mehr auf die Struktur der Mauer zulassen. Statt gekaufter Pflanzen aus dem Garten– und Baumarkt kann man auch auf die natürliche und billigere Variante der Pflanzenbeschaffung zurückgreifen: den Anwuchs durch Wind und Tiere. Dies hat den Vorteil, dass nur die Pflanzen anwachsen und gedeihen, die das extreme Klima tolerieren. Diese Pflanzen wachsen langsam, treten bescheiden auf und fügen sich harmonisch in das umgebende Landschaftsbild ein. Wer im Juni entlang der Straße genauer auf den Schotter und die angrenzenden Steine schaut, wird ganz schnell *Mauerpfeffer* erkennen, der sich zahlreich in gelber Blüte präsentiert. Aber auch *Thymian* ist an steinigen Feldrändern zu entdecken, ebenso *Habichtskraut* in gelb oder orangerot. In Dörfern ist an Mauern das häufig vorkommende *Schöllkraut* zu sehen.

In den Fugen der Trockenmauer sammeln sich im Laufe der Zeit feinste Sand-, Staub- und Erdkrumen an, die ein Substrat und eine Lebensmöglichkeit für viele Pflanzen bieten.

Im Folgenden werden Pflanzen vorgestellt, die sich als Mauerfugen-, Mauerfuß- sowie zur Mauerkronenbepflanzung eignen. Dabei wurde Wert auf authentische Arten und Wuchsvorkommen gelegt. Die kleine Sammlung der Pflanzen stammt nicht aus Lehrbüchern, sondern ist hier aus der Natur zusammengestellt und an und auf Mauern fotografiert. Insofern werden sich die ausgewählten Pflanzen überall in Deutschland (und darüber hinaus) in und auf Trockenmauern wohlfühlen.

Tabelle 7.2.2 enthält Wildformen und regional wachsende Pflanzen, geordnet nach der Blütenfarbe. Es handelt sich hauptsächlich um Stauden, das heißt um Pflanzen, die ausdauernd sind. Diese sind teilweise in Baumärkten und Gartencentern erhältlich. Beim größten Teil der Pflanzen kann man mit etwas Geduld darauf warten, dass die Natur als Einkaufs- und Anwuchshelfer tätig wird.

Die weiterführende Literatur zur Pflanzenbestimmung und Bepflanzung gibt ergänzende Auskünfte zu den einzelnen, auf den Seiten 82 bis 86 vorgestellten Pflanzen (Tabelle 7.2.2).

7.2.1 Schönes zwischen den Steinen.

Felsen-Steinkraut
(Alyssum saxatile)
Höhe: 10-25 cm, polsterartig
Blütezeit u. -farbe: IV – V, gelb
Bodenansprüche: trocken, kalkhaltig
Wuchsform: Staude
Standort: Mauerfugen, sonnige Lage

Sonnenröschen
(Helianthemum nummularium)
Höhe: 10-20 cm
Blütezeit u. -farbe: V – X, gelb
Bodenansprüche: trocken, magere, kalkreiche Böden
Wuchsform: Strauch
Standort: Mauerkrone, Steinhügel, sonnige Lage

Kleines Habichtskraut
(Hieracium pilosella)
Höhe: 5-20 cm
Blütezeit u. -farbe: V-X / gelb
Bodenansprüche: frisch, steinig
Wuchsform: zweijährig
Standort: Mauerfugen, Mauerfuß, sonnig bis halbschattig

Gewöhnliches Fingerkraut
(Potentilla verna)
Höhe: 5-20 cm
Blütezeit u. -farbe: III-VI / gelb
Bodenansprüche: anspruchslos, felsige Hänge, Weinbergmauern
Wuchsform: Staude, Halbstrauch
Standort: Mauerkrone, Steinhügel, sonnige Lage

Gold-Hahnenfuß
(Ranunculus auricomus)
Höhe: 15-45 cm
Blütezeit u. -farbe: IV-V / gelb
Bodenansprüche: anspruchslos
Wuchsform: Staude, giftig!
Standort: Mauerfugen, Mauerfuß, Mauerkrone, Steinhügel, sonnig bis halbschattig

Tabelle 7.2.2

Scharfer Mauerpfeffer
(Sedum acre)
Höhe: 5 cm, bildet dichte Polster
Blütezeit u. -farbe: VI-VIII / gelb
Bodenansprüche: trocken, mager, flachgründig
Wuchsform: Staude, Pionierrasenpflanze, kriechende Stängel
Standort: Mauerfugen, Mauerfuß, Mauerkrone, Steinhügel, sonnige Lage

Blaukissen
(Aubrieta cultorum)
Höhe: 15 cm, polsterartig
Blütezeit u. -farbe: IV - V / blauviolett
Bodenansprüche: trocken – frisch, kalkhaltig, nahrhaft
Wuchsform: Polsterstaude
Standort: Mauerkrone, Steinhügel, sonnige Lage

Berg-Flockenblume
(Centaurea montana)
Höhe: 30-60 cm, blauviolett
Blütezeit u.-farbe: blauviolett
Bodenansprüche: trocken bis frisch
Wuchsform: Staude, Bienenpflanze, Schnittblume
Standort: Mauerkrone, Steinhügel, sonnig bis halbschattig

Gundermann
(Glechoma hederacea)
Höhe: 10-40 cm
Blütezeit u. -farbe: IV–VI / lila
Bodenansprüche: trocken bis humos
Wuchsform: kriechende Staude, Pionierpflanze
Standort: Mauerfugen, halbschattig bis schattig

Dost (Origanum vulgare)
Höhe: 20-30 cm
Blütezeit u. -farbe: VII–IX, violett
Bodenansprüche: trocken, sandig, kalkhaltig, basenreiche Böden
Wuchsform: Staude,Gewürz- und Bienenpflanze
Standort: Mauerfuß, Mauerkrone, Steinhügel, sonnige Lage

Tabelle 7.2.2

Gewöhnliche Hauswurz
(Sempervivum tectorum)
Höhe: 10 cm, rosettenartig
Blütezeit u. -farbe: VI – VII, rosa, hellviolett
Bodenansprüche: sehr trocken, flachgründig, kalkhaltig
Wuchsform: Staude, geschützt, Felsspaltenbewohner
Standort: Mauerfugen, Mauerkrone, Steinhügel, sonnige Lage

Kriechender Thymian
(Thymus serpyllum)
Höhe: 5 -10 cm, kriechend
Blütezeit u. -farbe: V – VII, violett
Bodenansprüche: trocken, mager, sandig
Wuchsform: Staude, teppichbildend
Standort: Mauerkrone, Steinhügel, sonnige Lage

Große Fetthenne
(Sedum telephium)
Höhe: 30-80 cm, aufrechter Wuchs
Blütezeit u. -farbe: VII – IX, purpurrot
Bodenansprüche: trocken – frisch, steinige Böden
Wuchsform: Staude, wertvolle Schmetterlingspflanze
Standort: Mauerkrone, Steinhügel, sonnige Lage

Moossteinbrech
(Saxifraga arendsii)
Höhe: 15 cm, polsterartig
Blütezeit u. -farbe: IV – V, purpurrot
Bodenansprüche: frisch, humusreich, nährstoffreich
Wuchsform: Staude, bildet Moospolster
Standort: Mauerfugen, Mauerkrone, Steinhügel, halbschattig bis Schatten

Orangerotes Habichtskraut
(Hieracium aurantiacum)
Höhe: 20-50 cm
Blütezeit u. -farbe: Vi-VIII, orangerot
Bodenansprüche: trocken, steinig
Wuchsform: Staude, bildet große Gruppen
Standort: Mauerfugen, Mauerkrone, Steinhügel, sonnig

Tabelle 7.2.2

Pfingstnelke
(Dianthus gratianopolitanus)
Höhe: 10-15 cm, bildet graue Polster
Blütezeit u. -farbe: V-VI, rosarot
Bodenansprüche: trocken, basenreich, steinig
Wuchsform: Staude geschützt
Standort: Mauerkrone, Steinhügel, sonnige Lage

Walderdbeere
(Fragaria vesca)
Höhe: 5-20 cm,
Blütezeit u. -farbe: V-VI, weiß
Bodenansprüche: trocken, nährstoffreich
Wuchsform: Staude, hat essbare Früchte ab Juni
Standort: Mauerfugen, Mauerkrone,
halbschattig bis schattig

Acker-Hornkraut
(Cerastium arvense)
Höhe: 5-30 cm
Blütezeit u. -farbe: IV-VI, weiß
Bodenansprüche: trocken, basenreich
Wuchsform: kriechende Staude, wuchernde Art
Standort: Mauerfugen, Mauerfuß, Mauerkrone, Steinhügel,
sonnig bis halbschattig

Schleifenblume
(Iberis sempervirens)
Höhe: 20-25 cm, polsterartig
Blütezeit u. -farbe: V-VI, weiß
Bodenansprüche: trocken – frisch, sandig, humos
Wuchsform: Hängendes Polster
Standort: Mauerfugen, Mauerkrone, Steinhügel,
sonnig bis halbschattig

Weißer Mauerpfeffer (Sedum album)
Höhe: 8-20 cm, bildet Rasen
Blütezeit u. -farbe: VI-IX, weiß
Bodenansprüche: sehr trocken, mager, flachgründig
Wuchsform: Staude, Pionierrasen-pflanze, Blätter reichen
von blaugrün bis rotbraun
Standort: Mauerfugen, Mauerfuß, Mauerkrone, Steinhügel,
sonnig bis halbschattig

Tabelle 7.2.2

Teppichsedum
(Sedum spurium)
Höhe: 5-20 cm, bildet Rasen
Blütezeit u. -farbe: VII-VIII, weiß
Bodenansprüche: trocken
Wuchsform: Staude
Standort: Mauerfugen, Mauerkrone, Steinhügel, sonnig

Teppichsedum
(Sedum spurium `Fuldaglut`)
Höhe: 5-10 cm, bildet Rasen
Blütezeit u. -farbe: rotlaubig
Bodenansprüche: trocken
Wuchsform: Blätter sind bordeauxrot
Standort: Mauerfugen, Mauerkrone, Steinhügel, sonnig

Moossteinbrech
(Saxifraga hypnoides)
Höhe: 5 cm, mattenartig
Blütezeit u. -farbe: V-VI, weiß
Bodenansprüche: frisch
Wuchsform: Staude
Standort: Mauerfugen, Mauerkrone, Steinhügel, sonnig bis halbschattig

Rosettensteinbrech, Rispensteinbrech
(Saxifraga paniculata)
Höhe: 10-40 cm, Rosetten bildend
Blütezeit u. -farbe: V-VII, weiß
Bodenansprüche: trocken, steinig, basisch
Wuchsform: geschützte Staude
Standort: Mauerfugen, Mauerkrone, Steinhügel, halbschattig

Porzellanblümchen
(Saxifraga umbrosa)
Höhe: 30 cm, polsterartig
Blütezeit u. -farbe: V-VI, weiß
Bodenansprüche: frisch, humos
Wuchsform: Staude
Standort: Mauerkrone, Steinhügel, sonnig

Tabelle 7.2.2

7.3 Schritt für Schritt zur Pflanzmauer

Aller Anfang ist schwer... ist aber hier nicht der Fall, denn für den Anfang steht eine variantenreiche Vielzahl von Pflanzen zur Auswahl, die eine Trockenmauer noch attraktiver macht.

Welche Pflanzen sind geeignet? Die Auswahl gelingt, wenn man als ersten Schritt den Standort der zu bepflanzenden Mauer bedenkt. Steht die Mauer in einer sonnenexponierten Lage, im Halbschatten oder gar im Vollschatten? Wie weit ist sie dem Wind ausgesetzt oder hat sie einen geschützten Standort?

Auch nachfolgende Anregungen und Überlegungen können den Einkauf erleichtern:

- vorzugsweise Wildpflanzen verwenden, die in der näheren Umgebung vorkommen;
- gezüchtete Steingartenpflanzen eher sparsam einsetzen;
- das Wuchsverhalten und die Vermehrung der Pflanzen bedenken;
- Topfballen sowie Zwiebel- und Knollengewächse bevorzugen;
- Welche Anforderungen gibt es bezüglich Feuchtigkeit und Licht?
- Welche Farben haben die Pflanzen/Blüten?
- Welche Bodenansprüche haben die Pflanzen?

Bepflanzt werden können die Mauerkrone, das Erdreich am Mauerfuß und die Hohlräume zwischen den Steinen. Das Bepflanzen zwischen den Mauersteinen sollte parallel zum Bau der Mauer erfolgen. Nachträgliches Einbringen von Pflanzen in die Steinzwischenräume ist aufwendiger, als wenn beim Setzen der Steine die Pflanzen Schritt für Schritt so zwischen die Steine eingefügt werden, dass sie später nicht beengt sind.

Arbeitsschritte

Am Anfang steht der Bepflanzungsplan. Dieser kann selbst angefertigt werden, eventuell nach fachkundiger Beratung. Die Pflanzen sollten so in die Mauer eingesetzt werden, dass möglichst keine Symmetrie erkennbar ist. Wichtig ist, immer genügend Abstand zu den Nachbarpflanzen einzuplanen, damit sich alle Pflanzen im Laufe der Jahre ungestört entwickeln können. Denn nichts ist enttäuschender, als wenn nach 1 bis 2 Jahren von der Trockenmauer nichts mehr zu sehen ist, weil die Pflanzen alles Gestein unter sich verborgen haben.

7.3.1 Die Mauer bepflanzen

1. In die Lücke zwischen zwei Steinen wird die Pflanze auf Substrat so tief wie möglich in den Mauerspalt gelegt.

2. Nach dem Einsetzen wird großzügig mit Substrat aufgefüllt.

3. Die frisch eingesetzte Pflanze wird gewässert

4. Nun können weitere Steine aufgeschichtet werden.

Für die Pflanzen sollte Containerware bzw. es sollten Topfpflanzen gewählt werden, da sie kräftiger und robuster als wurzelnackte Pflanzen sind. Vor und während des Einsetzens wird in den Steinzwischenraum ein Pflanzensubstrat eingegeben, am besten sandige Lehmerde und der alt bewährte Kuhfladen (Mischungsverhältnis Lehmerde zu Kuhfladen 3:1). Diese Mischung wird gut feucht, aber nicht zu nass eingebracht. Wer keine Möglichkeit hat, an Kuhfladen heranzukommen, kann das Pflanzensubstrat auch aus Oberboden, Kompost, Sand und wasserspeicherndem Granulat herstellen. Die Pflanze sollte so in den Steinzwischenraum gelegt werden, dass ihre Blätter noch ca. 3-5 cm weit in den Steinen ruhen. Das schützt die Pflanze vor Winden und Sturm, die sie beschädigen könnten. Danach wird die Lücke mit der Substratmischung aufgefüllt. Die Pflanze kann sich nun in und mit der Erde ernähren. Nach dem Wässern der frisch eingesetzten Pflanze geht es mit dem Setzen der Steine weiter. Es empfiehlt sich, neu eingesetzte Pflanzen vor starker Sonneneinstrahlung durch aufgestellte Bretter oder Tücher zu schützen. Regelmäßiges Wässern in den ersten Monaten erleichtern der Pflanze das Eingewöhnen und Anwurzeln.
Bei einer Stützmauer sorgt die Kieshinterfüllung für eine natürliche Wasserregulierung und versorgt die Pflanzen mit Nährstoffen. Nun steht einer blütenreichen Mauer nichts mehr im Wege.

8 Weiterführende Informationen Quellennachweis

AFZ: Der Wald 12 / 2005. Artenschutz

Ahnert, Rudolf: Lehrbuch Maurerarbeiten. VEB Verlag für Bauwesen, Berlin 1978, 1983

Blasberg, Tobias: Trockenmauern im Weinberg. Informationsbroschüre für Winzer, Diplomarbeit, Mai 2007, Hochschule für Technik und Wirtschaft Dresden (FH)

Böhmig, Franz: Rat für jeden Gartentag. Leipzig, Radebeul, 1980, 17. Auflage, Neumann Verlag

Borchardt, Wolfgang: Der Gärtner, - 6 - Pflanzenverwendung im Garten- und Landschaftsbau. Stuttgart 1997, Ulmer Verlag

Bund für Umwelt und Naturschutz Deutschland: Die Trockenmauer – Lebensraum wärmeliebender Tiere und Pflanzen – Bauanleitung. Freiburg 1990, BUND information 37

Charles Mc Raven. Stone Work. Storey Books, Pownal, Vermont, 1997

Charles Mc Raven: Stone Primer. Storey Publishing, LLC 2007

Dietz, Friedrich: Arbeitsblätter „Natursteinmauern im Freien" Teil 1-4. Deutsches Zentrum für Handwerk und Denkmalpflege

DIN Normen: Berlin 2008, Beuth Verlag

Direktion für Ländliche Entwicklung Würzburg: Natursteinmauern in Dorf und Flur. S. 1 - 28

Erckenbrecht, Irmela: Wie baue ich eine Kräuterspirale? Darmstadt, Pala Verlag

Fitter; Fitter; Blamey: Pareys Blumenbuch. Verlag Paul Parey, 2. Auflage 1986

Garner, Lawrence: Dry Stones Walls. Shire Publications Ltd, Cromwell House GB 2003

Gesetz zum Schutz und zur Pflege der Kulturdenkmale im Freistaat Sachsen vom 3. März 1993, Rechtsbereinigt mit Stand vom 23. Mai 2004

GVBl. S. 1601, zuletzt geändert am 5. Mai 2004, GVBl. S. 148

Haberer, Martin: Steingärten und Trockenmauern. Stuttgart 1993, Kosmos Gartenbibliothek

Hasel White & the Editors of sunset books: Landscaping with Stone. Sunset books 2000

Jantra, Helmut: Steingärten und Trockenmauern. Stuttgart 1993, KOSMOS Gartenbibliothek

Jäntsch, Curt; Mießner, Eckart: Mauern – Treppen – Plattenwege. Berlin 1960, VEB Deutscher Landwirtschaftsverlag,

Kahle, Ulrich: Ein Weinberg unter Denkmalschutz. Hauptkonservator am Bayer. Landesamt für Denkmalpflege

Meißner, Walter; Funek, Gottfried: Bücher für Gartenfreunde – Vorgärten. Berlin 1960, VEB Deutscher Landwirtschaftsverlag

Nabu: Faltblatt zur Steinhummel.

Natursteinmauern. Der Gartenbau, Wochen-Fachzeitschrift 2006, S. 3-19

Nua natur- und umweltschutz-akademie nrw.: Natursteinmauern rund um die Kirche, Nr. 12. 2002

Parco Nazionale Delle Cinque Terre: Manuale per la costruzione die muri a secco. Parco nazionale delle cinque terre, 2004

Pisternik, Walter: Die gebräuchlisten Mauerverbände. Berlin 1947, Verlag die freie Gewerkschaft

Radford, Andy: A Guide to Dry Stone Walling. Marlborough 2001, The Crowood Press

Radford, Andy: Dry Stone Walling. Ramsbyry GB 2007, The Crowood Press Ltd

Reed, David: Gartengestaltung mit Natursteinen. München, 2007, Callwey Verlag

Reisiger, Othmar: Gärten selbst gestalten - Die Praxis von Othmar Reisinger. EFG Verlag

Sächsisches Naturschutzgesetz in der Fassung vom 11. Oktober 1994,

Schick, Claudia: Bauanleitung für eine Trockenmauer. Mein schöner Garten, 2002

Spohn, M.; Aichele, D. et al.: Was blüht denn da? Stuttgart 2008, kosmos Verlag

Stadtteiltreff Johannstadt: Projekt des Deutschen Kinderschutzbundes Dresden e.V., mit freundlicher Unterstützung von Daniela Engelmann

Stein, Gerwin: Arbeitsblatt „Trockenmauerwerk". Deutsches Zentrum für Handwerk und Denkmalpflege

Tufnell; Rumpe; Ducommun; Hassenstein: Trockenmauern. 2006, Haupt Verlag Bern, Stuttgart, Wien

Vanicek, K.-H.; Etzold, A., Eue, H.: Unser Garten. Berlin 1980, VEB Deutscher Landwirtschaftsverlag

Vivian, John: Building Stone. Storey Publishing, LLC 1976, 1978

Volker Friedrich: Alles über Naturstein. Stuttgart, 2007, Ulmer Verlag

Volker Friedrich: Mauern aus Naturstein. Stuttgart 2007, Ulmer Verlag

Links zu weiteren Informationen

www.mein-schoener-garten.de
www.nabu.de
www.naturgarten.org
www.biotopa.ch
www.wildvogelhilfe.org
www.derkleinegarten.de

Abbildungsnachweis

Fotos und Zeichnungen von Reiner Dittrich und Jana Spitzer außer:

- *Archiv ökobuch Verlag*
  Abb. 1.6, 1.7, 1.8, 2.3.4, 2.3.9, 2.3.10, 2.3.11, 2.3.16, 6.2.1, 6.7.6, 6.7.7, 6.7.8, 6.7.9, 6.7.10, 6.7.11, 6.7.16, 6.7.17, 6.7.18, 6.7.19, 6.8.2. Seite 76, 7.1.1

- *Barbara Reichstein*
  Abb. 6.8.3, S. 75

- *Internet*
  Abb. 1.9, Abb. 2.3.8

Stichwortverzeichnis

Weitere Bücher im ökobuch Verlag

Anders gärtnern

Permakultur-Elemente im Hausgarten. Ob Kräuterspirale, Krater- bzw. Hochbeet, Kartoffelturm, Wurmfarm oder Erdgewächshaus mit Hühnerstall, bei allem dient die Natur als Vorbild. Mit vielen Anleitungen für einen Hausgarten, in dem die Bereiche harmonisch zusammenwirken und sich gegenseitig fördern. Von Margit Rusch. 96 Seiten, mit vielen farbigen Abbildungen, 16,95 €

Mein kleiner Permakultur-Garten

300 kg Ernte auf 150 m^2 Fläche mitten in der Stadt. Der Autor Josef Chauffrey beschreibt die Kultivierung eines Reihenhausgartens nach Permakultur-Prinzipien und zeigt, wie sich beachtliche Ernteerfolge an Obst u. Gemüse erzielen lassen. 110 Seiten, mit vielen farbigen Abbildungen, 16,95 €

Das Biogarten-Praxisbuch

Anleitung zum naturgemäßen Gärtnern in Bildern. Hier wird das notwendige Wissen vermittelt, um erfolgreich den Boden zu bestellen und reichhaltig gesundes Obst und Gemüse zu ernten. Susanne Bruns. 224 Seiten, viele Abbildungen, 18,95 €

Permakultur im Hausgarten

Mit diesem Buch gibt der Autor einen Leitfaden an die Hand, wie ein Hausgarten Stück für Stück zum persönlichen und vielseitigen Permakultur-Garten gestaltet oder umgestaltet werden kann. Jonas Gampe. 144 Seiten, mit vielen Abbildungen, 16,95 €

Auf 300 qm Gemüseland

… den Bedarf eines Haushalts ziehen. Wie man auf kleinstem Raum einen Nutzgarten anlegt und erfolgreich bewirtschaftet, können wir von unseren Vorfahren lernen. Mit schnellen, praktischen, alphabetisch geordneten Infos über die wesentlichen Pflanzen, über Anbau- und Arbeitsmethoden. Von Arthur Janson. Neugestalteter Nachdruck der Erstausgabe von 1926. 170 Seiten, 16,95 €

Saatgut aus dem Hausgarten

Nach einer Einführung in die Saatgutgewinnung und in die Praxis der Vermehrung werden die nötigen Hilfsmittel, Ernte, Reinigung und Lagerung der Samen sowie Aussaat und Aufzucht beschrieben. Mit kurzen Pflanzenporträts aller im Hausgarten üblichen Kräuter, Gemüse und Blumen. Von Marlies Ortner. 138 Seiten, mit vielen farbigen Abbildungen, 19,90 €

Trocknen und Dörren mit der Sonne

Bau & Betrieb von Solartrocknern. Ein Buch für alle, die einen funktionstüchtigen Solartrockner kostengünstig selbst bauen möchten, um Obst, Gemüse und Kräuter natürlich und hochwertig haltbar zu machen. Außerdem: Praxis des Trocknens mit vielen Tipps aus langjähriger Erfahrung. Herausgegeben von Claudia Lorenz-Ladener. 96 Seiten, mit vielen farbigen Abbildungen, 16,95 €

Terrassen und Decks aus Holz selbst gebaut

Planungsüberlegungen, sinnvolle Konstruktionen, Materialempfehlungen. Viele Beispiele und Schritt-für-Schritt-Bilder vermitteln das Wissen zum Bau schöner Holzdecks. Von Peter Himmelhuber. 102 Seiten, mit vielen farbigen Abbildungen, 16,95 €

Mein Garten lebt

Vögel, Schmetterlinge, Igel, Wildbienen und andere nützliche Tiere ansiedeln. Mit Bauanleitungen und Gestaltungsideen, um durch Nisthilfen, Schlafquartiere u.ä, Gärten tierfreundlich zu gestalten. Von Peter Himmelhuber. 96 Seiten, mit vielen farbigen Abbildungen, 16,95 €

Natürlich konservieren

Die 250 besten Rezepte, um Gemüse und Obst möglichst naturbelassen haltbar zu machen und ein maximum an Vitaminen, Nährstoffen und Geschmack zu erhalten. Herausgegeben von Terre Vivante. 160 Seiten, mit vielen Abbildungen, 16,95 €

Trockenmauern für den Garten

Bauanleitung & Gestaltungsideen. Ob Sitzplätze oder Hochbeete einzufassen, eine Hangfläche zu terrassieren oder das Grundstück einzugrenzen: Mit einfachen Werkzeugen kann jeder kostengünstig eine schöne und dauerhafte Trockenmauer selbst bauen. Von Jana Spitzer und Reiner Dittrich. 96 Seiten, mit vielen farbigen Abbildungen, 16,95 €

Hütten von Kindern selbst gebaut

Das Buch zeigt schön illustriert, wie Kinder ohne großen Aufwand ihr eigenes kleines Reich erschaffen können, mit Baumaterialien, die fast alle draußen zu finden sind: Spielhäuschen, Kuppelbau, Schlupfwinkel, Beobachtungsversteck. Ab 8 Jahre. Von Louis Espinassous. 58 Seiten, mit vielen Abbildungen, 16,95 €

Kleine Baumhäuser und Hütten

... kinderleicht gebaut. Hier wird gezeigt, wie Baum- und Stelzenhäuser gebaut werden können. Mit Anleitungen für verschiedene Konstruktionen und Bildern von realisierten Beispielen. Von David Stiles. 96 Seiten, mit vielen farbigen Abbildungen, 16,95 €

Holzbacköfen im Garten

Detaillierte Bauanleitungen vom einfachen Lehmofen bis zum gemauerten Brotbackhäuschen. Mit vielen Erfahrungen und Ratschlägen sowie pfiffigen Tipps und Rezepten. Herausgegeben von Claudia Lorenz-Ladener. 138 Seiten, mit vielen Abbildungen, 17,95 €

Gestalten mit Stein im Garten

Pflastern von Wegen, Terrassen und Zufahrten, Anlegen von Treppen und das Errichten von Mauern und Hangbefestigungen, mit Hinweisen zur Materialwahl, zu Aufwand und Kosten, und mit Anregungen für eigenes Schaffen. Von Peter Himmelhuber. 126 Seiten, mit vielen farbigen Abbildungen, 16,95 €

Naturkeller

Grundlagen der Kühllagerung und Anleitungen für Planung und Bau naturgekühlter Lagerräume im Haus und Freiland. Von Claudia Lorenz-Ladener. 140 Seiten, mit vielen Abbildungen, 19,90 €

Gestalten mit Holz im Garten

Bodenbeläge, Holzdecks, Zäune, Rankgerüste, Lauben. Bauanleitungen und Gestaltungsideen für Nützliches und Dekoratives aus Schnittholz und aus grünem Holz. Von Heidi Howcroft. 136 Seiten, mit vielen Abbildungen, 18,95 €

Einfache Lauben und Hütten selbst gebaut

Einfache Paradiese zum Selbstbauen. Bauanleitungen für schnell zu errichtende Behausungen (Tipi, Baumhaus, Kuppelbau, Hogan etc.), sowie für schöne Lauben für den Garten oder die freie Natur. Von Claudia Lorenz-Ladener. 160 Seiten, mit vielen farbigen Abbildungen, 16,95 €

Kleine grüne Archen

Passivsolare Gewächshäuser als Alternative zum transparenten Standard-Gewächshaus. Das Buch zeigt, wie Solargewächshäuser freistehend, angelehnt oder teilweise in der Erde versenkt auch selbst gebaut werden können. Von Claudia Lorenz-Ladener. 128 Seiten, mit vielen farbigen Abbildungen, 22,90 €

Mit Weiden bauen

Anleitungen für Zäune, Laubengänge, Wigwams, Sitzplätze und grüne Kuppeln. Arbeiten mit lebendem Material, aus dem sich viele schöne, nützliche Dinge herstellen lassen. Von Jon Warnes. 60 Seiten, mit vielen farbigen Abbildungen, 16,95 €

Färben mit Pflanzen

Färbepflanzen - Rezepte - Anwendung. Aufbereitung und Anwendung heimischer Färbepflanzen zum Färben von Wolle und Stoffen werden in zahlreichen Rezepten detailliert beschrieben. Von Dorit Berger. 96 Seiten, mit vielen farbigen Abbildungen, 16,95 €

Bauen mit Frischholz

Vom Spalier bis zur Laube – frisches grünes Holz ist ein ausgezeichnetes Material, um daraus nützliche Gartenobjekte herzustellen. Mit Schritt-für-Schritt-Anleitungen für Pflanzbehälter, Spaliere, Bänke, Lauben usw. Von Alan und Gill Bridgewater. 80 Seiten, mit vielen Abbildungen, 16,95 €

Essbare Wildpflanzen aus dem Hausgarten

150 Arten: Obst, Kräuter, Gemüse. Wie eine dauerhafte Pflanzenlandschaft aus fruchttragenden Bäumen und Sträuchern, wilden Stauden sowie Kräutern und essbaren Bodendeckern geschaffen werden kann. Mit mehr als 70 Pflanzenporträts essbarer Wildfrüchte, Wildkräuter und Wildgemüse und Tipps zu deren Verwertung. Von Marlies Ortner. 126 Seiten, mit vielen Abbildungen, 16,95 €